重点行业污染防治

可行技术支撑排污许可管理技术手册

——造纸、电镀、炼焦化学工业

乔　皎　吕晓君　主编

中国环境出版集团·北京

图书在版编目（CIP）数据

重点行业污染防治可行技术支撑排污许可管理技术手册．造纸、电镀、炼焦化学工业/乔皎，吕晓君主编．—北京：中国环境出版集团，2023.5

ISBN 978-7-5111-5140-7

Ⅰ．①重… Ⅱ．①乔…②吕… Ⅲ．①造纸工业—排污许可证—许可证制度—中国—手册②电镀—排污许可证—许可证制度—中国—手册③炼焦—化学工业—排污许可证—许可证制度—中国—手册 Ⅳ．① X-652

中国版本图书馆 CIP 数据核字（2022）第 072260 号

出 版 人 武德凯
责任编辑 董蓓蓓
封面设计 彭 杉

出版发行 中国环境出版集团
（100062 北京市东城区广渠门内大街 16 号）
网　　址：http://www.cesp.com.cn
电子邮箱：bjgl@cesp.com.cn
联系电话：010-67112765（编辑管理部）
　　　　　010-67113412（第二分社）
发行热线：010-67125803，010-67113405（传真）

印　　刷 北京建宏印刷有限公司
经　　销 各地新华书店
版　　次 2023 年 5 月第 1 版
印　　次 2023 年 5 月第 1 次印刷
开　　本 787×1092　1/16
印　　张 15.5
字　　数 310 千字
定　　价 98.00 元

中国环境出版集团郑重承诺：
中国环境出版集团合作的印刷单位、材料单位均具有中国环境标志产品认证。

前　言

　　排污许可制度是被国际社会广泛证明的一项有效控制污染物排放的环境管理基本制度。为推动环境治理基础制度改革，改善环境质量，2016 年 11 月，国务院办公厅印发《控制污染物排放许可制实施方案》，明确提出"建立健全基于排放标准的可行技术体系，推动企事业单位污染防治措施升级改造和技术进步"。随后，原环境保护部发布《排污许可管理办法（试行）》，规定申请排污许可证时，排污单位应当明确是否采用污染防治可行技术，污染防治可行技术体系是排污许可制度实施的重要技术支撑环节。

　　本书选取了造纸、焦化、电镀三个行业作为重点行业，通过梳理其排污许可制实施现状及前期水污染防治可行技术研究成果，并开展废水污染防治可行技术主要污染物排放水平监测，总结重点行业主要污染物及废水处理可行技术应用情况，为行业污染防治可行技术支撑排污许可制实施提供研究基础。

　　2017 年，生态环境部环境工程评估中心承担了国家科技重大专项"水体污染控制与治理"的"重点行业最佳可行技术评估验证与集成"课题（2017ZX07301004）的子课题"最佳可行技术支撑排污许可制实施研究及示范应用"相关工作，本书是该课题的主要成果之一。全书由乔皎、吕晓君确定大纲并最终统稿，各章主要执笔人为：

　　第 1 章：周添、乔皎；第 2 章：吕晓君、朱嫚；第 3 章：乔皎、文思嘉；第 4 章：王焕松、关睿；第 5 章：史雪廷、靳杰；第 6 章：王达菲、乔皎；第 7 章：关睿、吕晓君；第 8 章：张松安、赵洪飞；第 9 章：史雪廷、潘智超；第 10 章：靳杰、李召杰；第 11 章：乔皎、朱嫚；第 12 章：李召杰、文思嘉。

本书在编写过程中得到了轻工业环境保护研究所、河北中旭检验检测技术有限公司、机械工业第四设计研究院有限公司等单位的大力支持，在此一并表示感谢！

尽管课题组投入了较大的精力，但限于能力水平和研究深度，书中难免存在不足之处，敬请广大读者提出宝贵意见。

编　者

2023 年 3 月于北京

目　录

第三部分　炼焦化学工业污染防治可行技术支撑排污许可管理技术手册

第一部分

造纸行业污染防治可行技术支撑
排污许可管理技术手册

1 主要生产工艺和产污环节

1.1 行业概况

1.1.1 我国造纸工业发展情况

根据《国民经济行业分类》(GB/T 4754—2017),造纸和纸制品业(C22)分为纸浆制造(C221)、造纸(C222)和纸制品制造(C223)。

1.1.1.1 纸浆生产情况

据中国造纸协会调查资料,2019 年全国纸浆生产总量 7 207 万 t,较上年增长 0.08%。其中,木浆 1 268 万 t,较上年增长 10.55%;废纸浆 5 351 万 t,较上年减少 1.71%;非木浆 588 万 t,较上年减少 3.61%,具体见表 1-1 和图 1-1。

表 1-1 2009—2019 年纸浆生产情况 单位:万 t

品种		2009 年	2010 年	2011 年	2012 年	2013 年	2014 年	2015 年	2016 年	2017 年	2018 年	2019 年
合计		6 733	7 318	7 723	7 867	7 651	7 906	7 984	7 925	7 949	7 201	7 207
其中	1. 木浆	560	716	823	810	882	962	966	1 005	1 050	1 147	1 268
	2. 废纸浆	4 997	5 305	5 660	5 983	5 940	6 189	6 338	6 329	6 302	5 444	5 351
	3. 非木浆	1 176	1 297	1 240	1 074	829	755	680	591	597	610	588
非木浆	苇浆	144	156	158	143	126	113	100	68	69	49	51
	蔗渣浆	98	117	121	90	97	111	96	90	86	90	70
	竹浆	161	194	192	175	137	154	143	157	165	191	209
	稻麦草浆	676	719	660	592	401	336	303	244	246	250	222
	其他浆	97	111	109	74	68	41	38	32	31	30	36

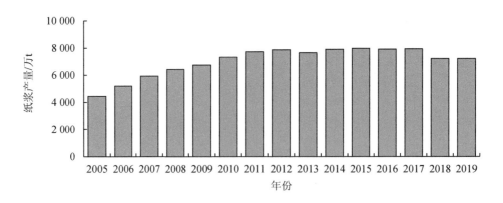

图 1-1　2005—2019 年纸浆生产情况

1.1.1.2　纸及纸板生产情况

根据中国造纸协会调查资料，2019 年全国纸及纸板生产企业约为 2 700 家，全国纸及纸板生产量为 10 765 万 t，较上年增长 3.16%。2009—2018 年纸及纸板生产量年均增长率为 1.68%，具体见表 1-2 和图 1-2。

表 1-2　2018 年和 2019 年纸及纸板生产情况

品　种	生产量			消费量		
	2018 年/万 t	2019 年/万 t	同比/%	2018 年/万 t	2019 年/万 t	同比/%
总量	10 435	10 765	3.16	10 439	10 704	2.54
1. 新闻纸	190	150	−21.05	237	195	−17.72
2. 未涂布印刷书写纸	1 750	1 780	1.71	1 751	1 749	−0.11
3. 涂布印刷纸	705	680	−3.55	604	542	−10.26
其中：铜版纸	655	630	−3.82	581	535	−7.92
4. 生活用纸	970	1 005	3.61	901	930	3.22
5. 包装用纸	690	695	0.72	701	699	−0.29
6. 白纸板	1 335	1 410	5.62	1 219	1 277	4.76
其中：涂布白纸板	1 275	1 350	5.88	1 158	1 216	5.01
7. 箱纸板	2 145	2 190	2.10	2 345	2 403	2.47
8. 瓦楞原纸	2 105	2 220	5.46	2 213	2 374	7.28
9. 特种纸及纸板	320	380	18.75	261	309	18.39
10. 其他纸及纸板	225	255	13.33	207	226	9.18

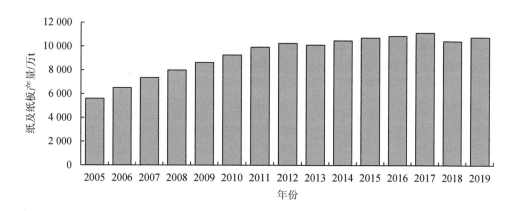

图 1-2 2005—2019 年纸及纸板生产情况

根据国家统计局数据，2019 年全国规模以上纸制品生产企业为 4 119 家，生产量 7 219 万 t，较上年增长 29.42%。2009—2019 年纸制品生产量年均增长率为 4.53%，具体见图 1-3。

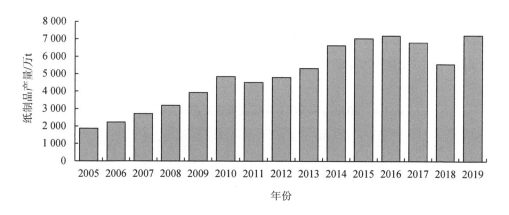

图 1-3 2005—2019 年纸制品生产情况

1.1.1.3 溶解木浆生产情况

溶解木浆是纤维素工业的重要原材料，是以木材为主要原料，在制浆过程中去除木素和半纤维素，保留纤维素的高纯度精制化学浆，主要用于生产黏胶人造丝、硝化纤维、醋酸纤维、玻璃纸、羧甲基纤维素等。近几年，市场对溶解木浆需求的不断增加以及溶解木浆利润空间远大于造纸用浆，导致国内一些制浆造纸企业转产或新上溶解木浆生产线，部分溶解木浆生产线是由化学浆生产线直接改造而成。2017 年，我国溶解木浆产能增至 280.1 万 t，具体情况见表 1-3。

表 1-3　2017 年中国溶解木浆产能的分布情况　　　　　　　　　　单位：万 t

企业	所在地	产能
石砚纸业	吉林延边	10
青山纸业	福建青州	9.6
太阳纸业（新）	山东邹城	20
太阳纸业（旧）	山东兖州	30
骏泰纸业	湖南怀化	30
日照纸业	山东日照	150
安徽华泰	安徽安庆	10
亚太森博	山东日照	20.5
合计		280.1

1.1.2　造纸行业生产布局及集中度

1.1.2.1　行业生产布局

根据中国造纸协会调查资料，2019 年我国东部地区 11 个省（区、市）的纸及纸板产量占全国纸及纸板产量的比例为 74.3%；中部地区 8 个省（区）比例为 16.3%；西部地区 12 个省（区、市）比例为 9.4%（表 1-4）。

表 1-4　2018 年和 2019 年纸及纸板生产量区域布局变化

区域	2018 年		2019 年	
	产量/万 t	比例/%	产量/万 t	比例/%
全国纸及纸板产量	10 435	100	10 765	100
东部地区	7 742	74.2	7 997	74.3
中部地区	1 697	16.3	1 756	16.3
西部地区	996	9.5	1 012	9.4

企业主要分布在长江流域和珠江流域。从行业排污许可证的发放情况看，由于行业废水排放量大，企业总体呈临江临河布局态势。七大重点流域范围内发放许可证的企业数为 1 714 个，占全国发放许可证企业总数的 66.3%。其中，长江流域和珠江流域是最主要的分布区，发证企业数占全国发证企业总数的 39.94%，具体见图 1-4。

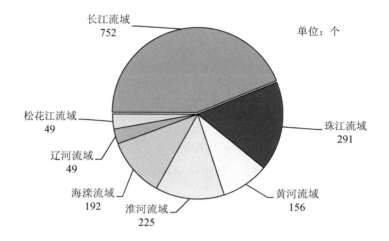

图 1-4　重点流域造纸企业分布情况

1.1.2.2　企业规模

根据许可证核发情况，按企业类型划分，制浆企业、浆纸联合企业、造纸企业（含纸制品企业）的发证数分别占全国发证企业总数的 0.5%、18.1%、81.4%。按企业规模划分，规模为 10 万 t/a 以上、5 万～10 万 t/a、5 万 t/a 以下的企业分别占发证企业总数的 29.7%、17.8%、52.5%，具体见图 1-5。

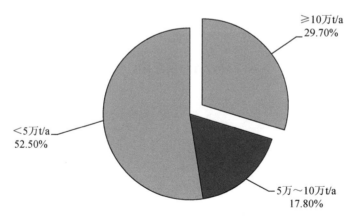

图 1-5　造纸企业规模分布情况

1.1.3　主要污染物排放

1.1.3.1　废水排放方式

根据许可证核发情况，按排放方式划分，1 127 家（43.2%）企业废水直接排入环境（其中，32 家企业废水直接排入海中）；813 家（31.1%）排入污水处理厂或其他单位；671 家

（25.7%）企业的废水不外排，主要为造纸及纸制品企业。

1.1.3.2 水污染物排放情况

制浆造纸行业是水污染物排放的主要行业，生产废水具有水量大、化学需氧量（COD）浓度高、难降解有机物多等特点，废水和 COD 排放总量常年位于我国 41 个工业行业之首，2015 年开始降至第二位和第三位。

《制浆造纸工业水污染物排放标准》（GB 3544—2008）发布实施后，行业废水排放量和 COD 排放量总体呈逐年下降趋势。根据环境统计数据，2017 年 2 275 家造纸及纸制品企业的废水排放量为 14.95 万 t，较 2016 年下降 13.2%；COD 排放量为 8.9 万 t，较 2016 年下降 28.8%；氨氮排放量为 0.53 万 t，与 2016 年持平。

2005—2017 年，造纸工业废水及污染物排放情况见图 1-6～图 1-8。

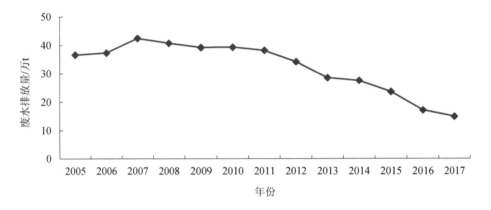

图 1-6　2005—2017 年造纸行业废水排放量

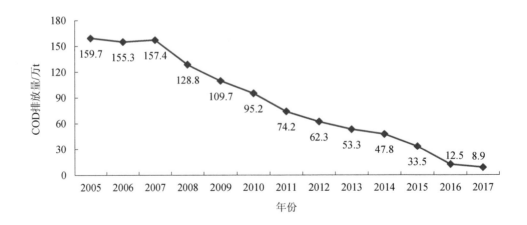

图 1-7　2005—2017 年造纸行业 COD 排放量

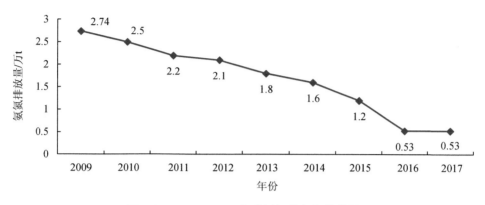

图 1-8　2009—2017 年造纸行业氨氮排放量

1.2　主要生产工艺及产污环节

1.2.1　硫酸盐法化学木（竹）制浆

1.2.1.1　主要设备

典型的硫酸盐法化学木（竹）制浆的主要设备和实景及示意图片见表 1-5。

表 1-5　硫酸盐法化学木（竹）制浆的主要设备和实景及示意图片

序号	主要工段	主要设备	实景及示意图片
1	备料工段	齿辊式剥皮机	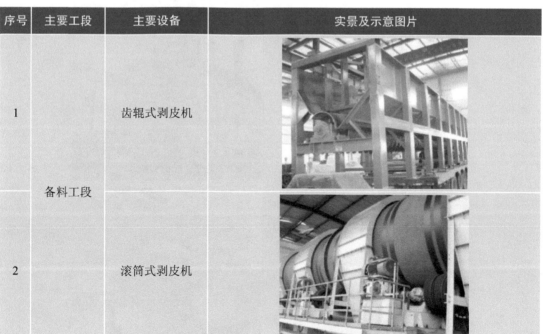
2		滚筒式剥皮机	

序号	主要工段	主要设备	实景及示意图片
3	备料工段	盘式削片机	
4		鼓式削片机	
5		切竹机	
6		摇摆筛	
7		再碎机	

序号	主要工段	主要设备	实景及示意图片
8		蒸球	
9	蒸煮工段	蒸煮锅	
10		横管式连续蒸煮器示意图	 1. 端盖；2. 备用排汽管；3. 仪表接口；4. 维护（观察）孔； 5. 进料口；6. 传动链轮；7. 轴承座；8. 出料口；9. 筒体； 10. 进汽管；11. 鞍座；12. 螺旋轴
11		蒸煮塔	

序号	主要工段	主要设备	实景及示意图片
12		洗浆机	
13		筛选机	
14	洗选漂工段	氧脱木素塔	
15		漂白塔	

序号	主要工段	主要设备	实景及示意图片
16		蒸发器	
17		碱回收炉	
18	碱回收工段	苛化工段	
19		石灰窑	

1.2.1.2 产污环节

典型的硫酸盐法化学木（竹）制浆工艺的产污环节见图1-9，其中竹浆生产过程一般未配套石灰窑工段。

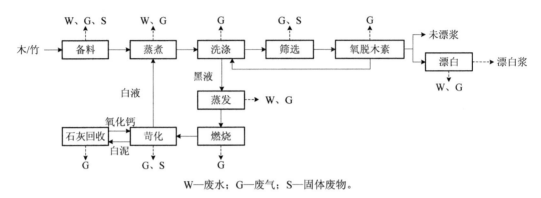

W—废水；G—废气；S—固体废物。

图 1-9 典型的硫酸盐法化学木（竹）制浆工艺的产污环节

（1）废水

废水主要由备料、蒸煮、漂白、蒸发等工段产生，污染物主要为化学需氧量、五日生化需氧量、悬浮物及氨氮。

（2）废气

废气污染物主要为备料工段产生的颗粒物，蒸煮、洗涤、筛选、黑液蒸发、污水处理等工段产生的臭气，碱回收工段产生的颗粒物、二氧化硫及氮氧化物等。制浆工段产生的臭气主要为硫化氢、甲硫醇、甲硫醚及二甲二硫醚等，污水处理工段产生的臭气主要为氨和硫化氢。

（3）固体废物

固体废物主要为备料工段产生的树皮和木（竹）屑等废渣，筛选工段产生的节子和浆渣，碱回收工段产生的绿泥、白泥、石灰渣，以及污水处理工段产生的污泥等。

（4）噪声

噪声主要为剥皮机、削片机、传动装置、泵、风机和压缩机等设备运转产生的噪声，间歇喷放或放空以及压力、真空清洗或吹扫等过程产生的噪声。

1.2.2 碱法或亚硫酸盐法非木材制浆

1.2.2.1 主要设备

碱法非木材制浆与硫酸盐法化学木（竹）制浆相比，备料系统差别较大。而亚硫酸盐法非木材制浆与硫酸盐法化学木（竹）制浆相比，除备料系统不同外，还存在制浆废液处理方式的不同，经蒸发后的废液一般用于制备木质素产品、复合肥或经燃烧回收系统回收化学品。

典型的碱法或亚硫酸盐法非木材制浆的主要备料设备及实景图片见表1-6，其他设备参考表1-5。

表1-6 非木材制浆的主要备料设备及实景图片

序号	主要工段	主要设备	实景图片
1	备料工段	切草机	
2		切苇机	
3		苇片筛	

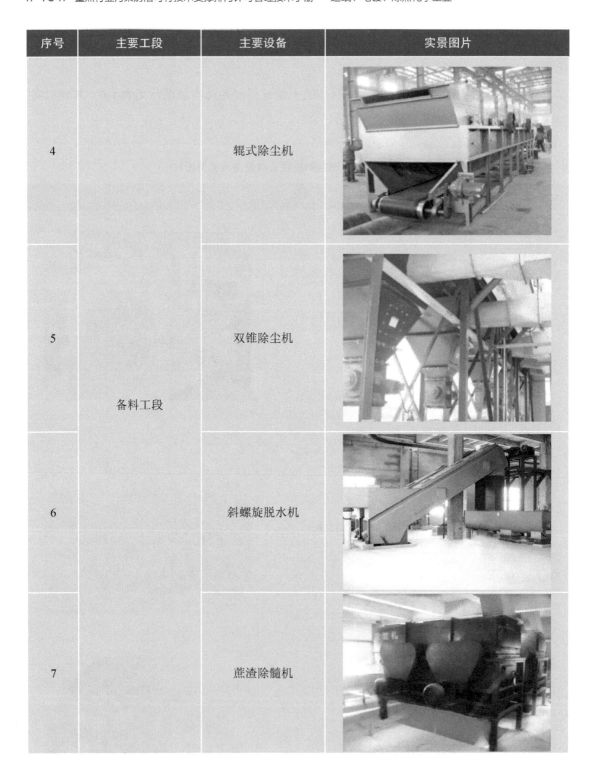

序号	主要工段	主要设备	实景图片
4		辊式除尘机	
5	备料工段	双锥除尘机	
6		斜螺旋脱水机	
7		蔗渣除髓机	

1.2.2.2 产污环节

典型的碱法或亚硫酸盐法非木材制浆工艺产污环节见图 1-10。

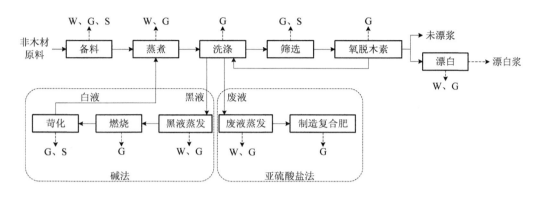

W—废水；G—废气；S—固体废物。

图 1-10　典型的碱法或亚硫酸盐法非木材制浆工艺产污环节

（1）废水

废水主要由备料、蒸煮、漂白、蒸发等工段产生，污染物主要为化学需氧量、五日生化需氧量、悬浮物及氨氮。

（2）废气

废气污染物主要为备料工段产生的颗粒物，蒸煮、洗涤、筛选、氧脱木素、黑液（废液）蒸发、污水处理等工段产生的臭气，碱回收炉产生的颗粒物、二氧化硫及氮氧化物等。碱法制浆工段产生的臭气主要为甲醇等挥发性有机物，亚硫酸盐法制浆工段产生的臭气主要为氨等，污水处理工段产生的臭气主要为氨和硫化氢。

（3）固体废物

固体废物主要为备料工段产生的麦糠、苇叶、蔗髓及沙尘等废渣，筛选工段产生的浆渣，碱回收工段产生的绿泥、白泥、石灰渣，以及污水处理工段产生的污泥等。

（4）噪声

噪声主要为切草机、粉碎机、传动装置、泵、风机和压缩机等设备运转产生的噪声，以及间歇喷放或放空，压力、真空清洗或吹扫等过程产生的噪声。

1.2.3　化学机械法制浆

1.2.3.1　主要设备

典型的化学机械法制浆的主要设备及实景图片见表 1-7，备料工段的设备参考表 1-5。

表 1-7　化学机械法制浆的主要设备及实景图片

序号	主要设备	实景图片
1	木片洗涤机	
2	挤压撕裂机	
3	反应仓	
4	高浓磨浆机	

序号	主要设备	实景图片
5	漂白塔	
6	低浓磨浆机	
7	压力筛	

序号	主要设备	实景图片
8	渣浆磨	
9	多圆盘浓缩机	
10	螺旋挤浆机	

1.2.3.2 产污环节

典型的化学机械法制浆工艺产污环节见图 1-11。

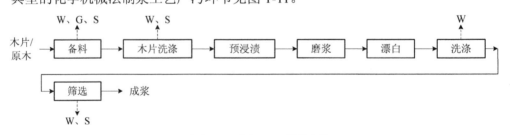

W—废水；G—废气；S—固体废物。

图 1-11 典型的化学机械法制浆工艺产污环节

（1）废水

废水主要由备料、木片洗涤、洗涤、筛选等工段产生，污染物主要为化学需氧量、五日生化需氧量、悬浮物及氨氮。

（2）废气

废气污染物主要为备料工段产生的颗粒物，污水处理工段产生的臭气（主要为氨、硫化氢等），以及采用碱回收系统处理废液时碱回收炉产生的颗粒物、二氧化硫和氮氧化物等。

（3）固体废物

固体废物主要为备料、木片洗涤工段产生的树皮和木屑等废渣，筛选工段产生的浆渣，污水处理工段产生的污泥等。

（4）噪声

噪声主要为剥皮机、削片机、磨浆机、传动装置、泵、风机和压缩机等设备运转产生的噪声，以及压力、真空清洗或吹扫等过程产生的噪声。

1.2.4　废纸制浆

1.2.4.1　主要设备

典型的废纸制浆的主要设备及实景图片见表 1-8。

表 1-8　废纸制浆的主要设备及实景图片

序号	主要设备	实景图片
1	链板机	
2	碎浆机	

序号	主要设备	实景图片
3	轻质除渣器	
4	重质除渣器	
5	分级筛	
6	多盘浓缩机	

序号	主要设备	实景图片
7	热分散机	

1.2.4.2 产污环节

典型的脱墨废纸制浆和非脱墨废纸制浆工艺产污环节见图 1-12、图 1-13。

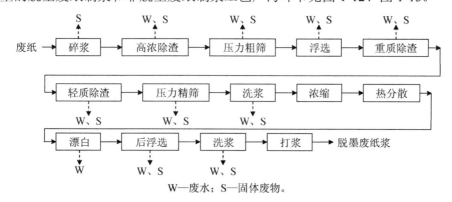

图 1-12 典型的脱墨废纸制浆工艺产污环节

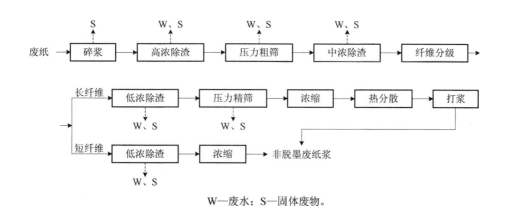

图 1-13 典型的非脱墨废纸制浆工艺产污环节

（1）废水

废水主要由洗涤、筛选、脱墨及漂白等工段产生，主要污染物为化学需氧量、五日生化需氧量、悬浮物及氨氮。

（2）废气

废气为污水处理工段产生的臭气，主要为氨、硫化氢等。

（3）固体废物

固体废物主要为碎浆工段产生的砂石、金属及塑料等废渣，筛选工段产生的油墨微粒、胶黏剂、塑料碎片及填料等，浮选产生的脱墨渣，污水处理工段产生的污泥等。

（4）噪声

噪声主要为碎浆机、磨浆机、热分散系统、泵、风机和压缩机等设备运转产生的噪声，以及压力、真空清洗或吹扫等过程产生的噪声。

1.2.5 机制纸及纸板制造

1.2.5.1 主要设备

典型的机制纸及纸板制造的主要设备及实景图片见表 1-9。

表 1-9　机制纸及纸板制造的主要设备及实景图片

序号	主要工段	主要设备	实景图片
1	打浆工段	水力碎浆机	
2		高浓除渣器	

序号	主要工段	主要设备	实景图片
3		磨浆机	
4	打浆工段	储浆塔	
5		混浆池	
6		抄浆池	

序号	主要工段	主要设备	实景图片
7		除渣器	
8	打浆工段	压力筛	
9		脱气塔	
10	流送工段	头箱	

序号	主要工段	主要设备	实景图片
11	成型工段	纸机网部	
12		纸机压榨部	
13	—	前干燥装置	
14		施胶装置	

序号	主要工段	主要设备	实景图片
15		涂布装置	
16	—	后干燥装置	
17		硬压光装置	
18		软压光装置	

序号	主要工段	主要设备	实景图片
19	—	卷纸装置	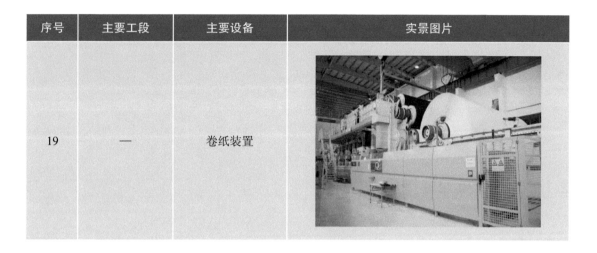

1.2.5.2　产污环节

典型的机制纸及纸板制造工艺产污环节见图 1-14。

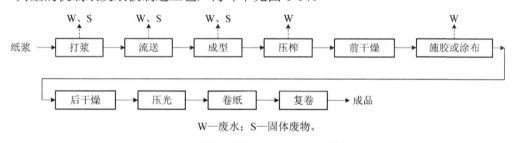

W—废水；S—固体废物。

图 1-14　典型的机制纸及纸板制造工艺产污环节

（1）废水

废水主要由打浆、流送、成型、压榨、施胶或涂布等工段产生，污染物主要为化学需氧量、五日生化需氧量、悬浮物及氨氮。

（2）废气

废气为污水处理工段产生的臭气，主要为氨、硫化氢等。

（3）固体废物

固体废物主要为打浆和流送工段产生的浆渣，成型工段产生的废聚酯网，污水处理工段产生的污泥等。

（4）噪声

噪声主要为磨浆机、泵、传动装置、风机和压缩机等设备运转产生的噪声，以及压力、真空清洗或吹扫等过程产生的噪声。

2 污染治理设施

2.1 废气污染治理措施

2.1.1 有组织废气污染治理措施

制浆造纸企业有组织废气主要来源于锅炉、碱回收炉、石灰窑、焚烧炉等，通常锅炉、焚烧炉需要采取除尘、脱硫和脱硝措施，碱回收炉和石灰窑需要采取除尘措施，此外焚烧炉还需要采取活性炭吸附措施。

2.1.1.1 主要处理工艺

（1）除尘措施

除尘措施主要包括静电除尘器、布袋除尘器以及两者结合的电袋除尘器。除尘器实景及示意图片见表 2-1。

表 2-1 除尘器实景及示意图片

序号	设备类型	实景及示意图片
1	静电除尘器	

序号	设备类型	实景及示意图片
2	布袋除尘器	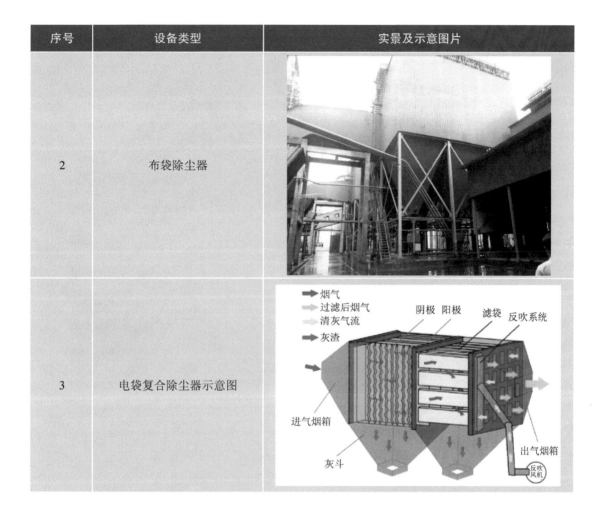
3	电袋复合除尘器示意图	

（2）脱硫措施

脱硫措施主要包括石灰石/石灰-石膏湿法脱硫、烟气循环流化床法脱硫、喷雾干燥法脱硫和氨法脱硫等。脱硫设备实景图片见表 2-2。

表 2-2　脱硫设备实景图片

序号	设备类型	实景图片
1	石灰石/石灰-石膏湿法脱硫塔	

序号	设备类型	实景图片
2	循环流化床法脱硫塔	
3	喷雾干燥法脱硫塔	
4	氨法脱硫塔	

（3）脱硝措施

1）低氮燃烧技术

低氮燃烧技术是通过合理配置炉内流场、温度场及物料分布以改变氮氧化物的生成环境，从而降低炉膛出口氮氧化物排放量的技术，主要包括低氮燃烧器（LNB）、空气分级燃烧、燃料分级燃烧等技术。

2）脱硝技术

脱硝技术主要包括选择性催化还原法脱硝（SCR）、选择性非催化还原法脱硝（SNCR）以及两者结合的 SNCR-SCR 联合脱硝。脱硝设备实景及示意图见表 2-3。

表 2-3　脱硝设备实景及示意图片

序号	设备类型	实景及示意图片
1	选择性催化还原法脱硝（SCR）	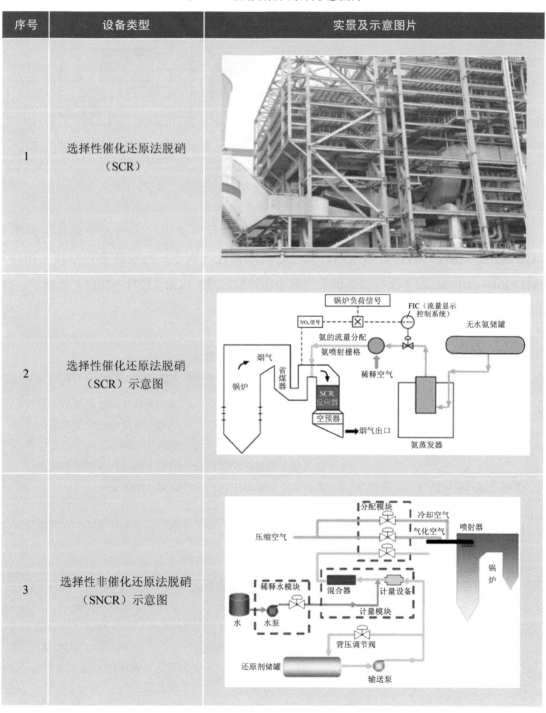
2	选择性催化还原法脱硝（SCR）示意图	
3	选择性非催化还原法脱硝（SNCR）示意图	

序号	设备类型	实景及示意图片
4	SNCR-SCR 联合脱硝示意图	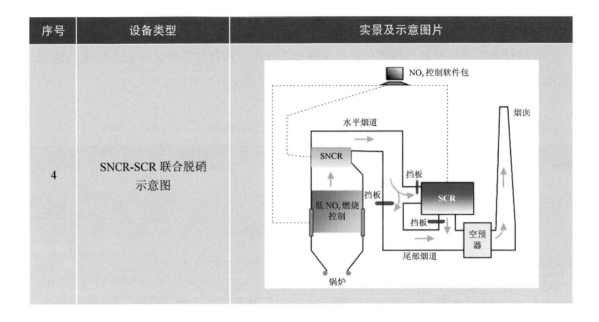

2.1.1.2 废气污染治理可行技术

废气污染治理可行技术见表 2-4。对于厂内执行《火电厂大气污染物排放标准》（GB 13223—2011）的自备热电站，其可行技术执行《火电厂污染防治可行技术指南》（HJ 2301—2017）；对于执行《锅炉大气污染物排放标准》（GB 13271—2014）的锅炉，待可行技术指南发布后从其规定。

表 2-4　废气污染治理可行技术

序号	废气污染源		可行技术	技术适用性
1	工艺过程臭气		在碱回收炉中焚烧	适用于硫酸盐法化学制浆企业
			在石灰窑中焚烧	适用于硫酸盐法化学木浆企业
			火炬燃烧	适用于硫酸盐法化学制浆企业
			在臭气专用焚烧炉中焚烧	适用于硫酸盐法化学制浆企业
2	碱回收炉废气	颗粒物	电除尘	适用于制浆企业
3	石灰窑废气	颗粒物	电除尘	适用于硫酸盐法化学木浆企业
		总还原硫（TRS）	白泥洗涤及过滤	
4	焚烧炉废气	颗粒物	袋式除尘	适用于制浆造纸企业
		SO_2	石灰石/石灰-石膏湿法脱硫	
			喷雾干燥法脱硫	
		NO_x	SNCR 脱硝	
		二噁英	过程控制、活性炭吸附	
5	厌氧沼气		锅炉燃烧或用于发电	适用于采用厌氧方式处理废水的制浆造纸企业
			火炬燃烧	

2.1.1.3 废气污染治理设施参考参数

碱回收炉和石灰窑除尘设施的参数以及锅炉、焚烧炉治理设施常用参数参考表 2-5。

表 2-5 废气污染治理设施常用参数

项目		参考参数	
除尘效率	电除尘（一般三、四或五电场）	99.20%～99.85%	电除尘器运行电场数量占比≥75%；除尘变压器二次电压大于额定值的25%及二次电流大于额定值的5%，则判定该电场运行
	湿式电除尘	70%～90%	入口烟气温度＜60℃（饱和烟气）
			湿式电除尘器运行电场数占比≥50%；除尘变压器二次电压大于额定值的25%及二次电流大于额定值的5%，则判定该电场运行
	袋式除尘	99.50%～99.99%	高于烟气酸露点至少15℃且≤250℃
			所有通道的差压信号＜设定值
	电袋复合式除尘	99.50%～99.99%	≤250℃（含尘气体温度不超过滤料允许使用的温度）
			电袋复合除尘器运行电场数量占比≥50%；除尘变压器二次电压大于额定值的25%及二次电流大于额定值的5%，则判定该电场运行
脱硫效率	石灰石/石灰-石膏湿法脱硫	95.0%～99.7%	入口烟气 SO_2 质量浓度：≤12 000 mg/m^3 出口烟气 SO_2 质量浓度：达标排放或超低排放
			至少一台增压风机或浆液循环泵电流≥空负荷电流
			通常燃烧 1 t 含硫量 0.8%的原煤产生 16 kg SO_2，去除 1 t SO_2 需要使用 1.56 t 脱硫剂（石灰石）
	烟气循环流化床脱硫	93%～98%	入口烟气 SO_2 质量浓度：≤3 000 mg/m^3 出口烟气 SO_2 质量浓度：≤100 mg/m^3
			自动添加脱硫剂系统输送风机电流或转速≥空负荷电流或转速
	氨法脱硫	95.0%～99.7%	入口烟气 SO_2 质量浓度：≤12 000 mg/m^3 出口烟气 SO_2 质量浓度：达标排放或超低排放
			增压风机电流≥空负荷电流
	海水脱硫	95%～99%	入口烟气 SO_2 质量浓度：≤2 000 mg/m^3 出口烟气 SO_2 质量浓度：达标排放或超低排放

项目			参考参数
低氮燃烧减排率与脱硝效率	低氮燃烧	低氮燃烧器（LNB）技术	—	NO_x 减排率为 20%～50%
		空气分级燃烧技术	—	NO_x 减排率为 20%～50%
		燃料分级燃烧（再燃）技术	—	NO_x 减排率为 30%～50%
		低氮燃烧器与空气分级燃烧组合技术	—	NO_x 减排率为 40%～60%
		低氮燃烧器与燃料分级燃烧组合技术	—	NO_x 减排率为 40%～60%
	脱硝技术	SCR 脱硝技术	单层催化剂：50% 两层催化剂：75%～85% 三层催化剂：85%～92%	入口烟气 NO_x 质量浓度：≤1 000 mg/m³（由实际烟气参数确定） 出口烟气 NO_x 质量浓度：达标排放或超低排放 分散控制系统（DCS）实时数据和历史曲线：①任意一侧还原剂流量小时均值＞5 kg/h（母管制取 1 kg/h）。②任意一个稀释风机电流小时均值＞5A（母管制取 1A）或处于运行状态（采用氨水为还原剂时应看稀释水泵电流）；无稀释风机的查看稀释风流量
		SNCR 脱硝技术	循环流化床锅炉：60%～80% 煤粉炉：30%～40%	NO_x 排放质量浓度：≤50 mg/m³（循环流化床锅炉）；150～300 mg/m³（煤粉炉） DCS 实时数据和历史曲线：①任意一侧还原剂流量小时均值＞5 kg/h（母管制取 1 kg/h）；②任意一个稀释水泵处于运行状态
		SNCR-SCR 联合脱硝技术	55%～85%	NO_x 排放质量浓度：达标排放或超低排放 DCS 实时数据和历史曲线：①任意一侧还原剂流量小时均值＞5 kg/h（母管制取 1 kg/h）；②任意一个稀释水泵电流小时均值＞5A（母管制取 1 A）或处于运行状态。 超低排放机组应同时满足以下条件：机组脱硝效率小时均值（两侧均有脱硝装置的取两侧平均值）≥40%
执行《生活垃圾焚烧污染控制标准》（GB 18485—2014）的焚烧炉			满足 GB 18485—2014 中的各项要求，包括炉膛内焚烧温度≥850℃、烟气停留时间≥2 s、渣热灼减率≤5%等
执行《危险废物焚烧污染控制标准》（GB 18484—2001）的焚烧炉			满足 GB 18484—2001 中的各项要求，包括炉膛内温度≥1 100℃、烟气停留时间≥2 s、炉膛内渣热灼减率≤5%、燃烧效率≥99.9%、焚毁去除率≥99.99%等

2.1.2　无组织废气污染治理措施

1）高浓度污水处理设施、污泥间产生的废气经密闭收集后处理。

2）制浆、碱回收工段产生的不凝气、气提气等含恶臭物质的气体，经车间臭气收集系统收集后送碱回收炉或石灰窑燃烧。在碱回收炉或石灰窑安装臭气自动燃烧器，当臭气燃烧不完全或设备发生故障时，臭气自动燃烧器应启动。

3）煤堆场应当密闭，不能密闭的，应当设置不低于堆放物高度的严密围挡，并采取有效覆盖措施防治扬尘污染。

4）对煤粉、石灰或石灰石粉等粉状物料，采用筒仓等全封闭方式存储。

5）对其他易起尘物料进行苫盖。

6）在石灰石卸料斗和储仓上设置布袋除尘器或其他粉尘收集处理设施。

7）氨区设防泄漏围堰、应急池、氨气泄漏检测设施。

2.2　废水污染治理措施

2.2.1　主要处理工艺

制浆造纸企业废水通常采用三级处理工艺，一级处理工艺主要包括过滤、沉淀、混凝等技术；二级处理工艺主要包括厌氧技术和好氧技术，厌氧技术主要包括水解酸化、升流式厌氧污泥床（UASB）、厌氧膨胀颗粒污泥床（EGSB）以及内循环升流式厌氧反应器，好氧技术主要分为活性污泥法和生物膜法，制浆造纸废水处理主要采用活性污泥法，其中包括完全混合活性污泥法、氧化沟、厌氧/好氧工艺法（A/O）、序批式活性污泥法（SBR）等；三级处理工艺主要包括混凝沉淀或气浮和高级氧化技术。

污水处理工艺实景图片见表 2-6。

表 2-6　污水处理工艺实景图片

序号	处理工段	主要设备	实景图片
1	一级处理	格栅	

序号	处理工段	主要设备	实景图片
2		过滤机	
3	一级处理	混凝池	
4		沉淀池	
5	二级处理（厌氧技术）	水解酸化池	

序号	处理工段	主要设备	实景图片
6		升流式厌氧污泥床（UASB）	
7	二级处理（厌氧技术）	内循环升流式厌氧反应器	
8		厌氧膨胀颗粒污泥床（EGSB）	
9	二级处理（好氧技术）	完全混合活性污泥法曝气池	

序号	处理工段	主要设备	实景图片
10	二级处理 （好氧技术）	氧化沟	
11		序批式活性污泥法 （SBR）生化池 （曝气中）	
12		序批式活性污泥法 （SBR）生化池 （沉淀中）	
13		厌氧/好氧（A/O） 生化池	

序号	处理工段	主要设备	实景图片
14		混凝气浮池	
15	三级处理	混凝沉淀池	
16		高级氧化塔	
17	污泥处理	板框压滤机	

序号	处理工段	主要设备	实景图片
18	污泥处理	带式压滤机	

2.2.2 废水污染治理可行技术

制浆造纸企业废水污染治理可行技术路线见表 2-7。

表 2-7 制浆造纸企业废水污染治理可行技术路线

工艺分类	序号	预防技术	治理技术	污染物排放水平/（mg/L）			
				COD_{Cr}	BOD_5	SS	氨氮
化学木浆	可行技术 1	①干法剥皮 [a]+②新型立式连续蒸煮（或改良型间歇蒸煮）+③纸浆高效氧化]	①一级（混凝沉淀）+②二级（活性污泥法）+③三级［芬顿（Fenton）氧化]	≤60	≤20	≤30	≤5
	可行技术 2	洗涤+④全封闭压力筛选+⑤氧脱木素+⑥无元素氯（ECF）漂白+⑦碱回收（配套超级浓缩或结晶蒸发器）	①一级（混凝沉淀）+②二级（活性污泥法）+③三级（混凝沉淀）	≤90	≤20	≤30	≤8
	可行技术 3	①干法剥皮 [a]+②连续蒸煮（或间歇蒸煮）+③压力洗浆机（或真空洗浆机）+④全封闭压力筛选（或压力筛选）+⑤氧脱木素+⑥无元素氯（ECF）漂白+⑦碱回收	①一级（混凝沉淀）+②二级（活性污泥法）+③三级（混凝沉淀或气浮）	≤90	≤20	≤30	≤8
化学竹浆	可行技术 1	①干法备料+②新型立式连续蒸煮（或改良型间歇蒸煮）+③纸浆高效洗涤（或真空洗浆机）+④全封闭压力筛选+⑤氧脱木素+⑥ECF 漂白+⑦碱回收	①一级（混凝沉淀）+②二级（活性污泥法）+③三级（混凝沉淀）	≤90	≤20	≤30	≤8

工艺分类	序号	预防技术	治理技术	污染物排放水平/（mg/L）			
				COD_{Cr}	BOD_5	SS	氨氮
化学竹浆	可行技术 2	①干法备料+②间歇蒸煮+③压力洗浆机（或真空洗浆机）+④全封闭压力筛选（或压力筛选）+⑤氧脱木素+⑥ECF 漂白+⑦碱回收	①一级（混凝沉淀）+②二级（活性污泥法）+③三级（Fenton 氧化）	≤90	≤20	≤30	≤8
	可行技术 3		①一级（混凝沉淀）+②二级（活性污泥法）+③三级（混凝沉淀或气浮）	≤90	≤20	≤30	≤8
化学蔗渣浆	可行技术 1	①湿法堆存+②横管式连续蒸煮+③纸浆高效洗涤（或真空洗浆机）+④全封闭压力筛选+⑤氧脱木素+⑥ECF 漂白+⑦碱回收	①一级（混凝沉淀）+②二级（厌氧+活性污泥法）+③三级（Fenton 氧化）	≤90	≤20	≤30	≤8
	可行技术 2	①湿法堆存+②横管式连续蒸煮+③真空洗浆机+④全封闭压力筛选+⑤ECF 漂白+⑥碱回收		≤90	≤20	≤30	≤8
化学麦草及芦苇浆	可行技术 1[b]	①干湿法备料+②连续蒸煮+③纸浆高效洗涤+④全封闭压力筛选+⑤氧脱木素+⑥废液综合利用	①一级（混凝沉淀）+②二级（厌氧+活性污泥法）+③三级（Fenton 氧化）	≤90	≤20	≤30	≤8
	可行技术 2[c]	①干湿法备料+②横管式连续蒸煮+③纸浆高效洗涤（或真空洗浆机）+④全封闭压力筛选+⑤氧脱木素+⑥ECF 漂白+⑦碱回收	①一级（混凝沉淀）+②二级（厌氧+活性污泥法）+③三级（混凝沉淀）	≤90	≤20	≤30	≤8
	可行技术 3[c]	①干湿法备料+②间歇蒸煮+③真空洗浆机+④全封闭压力筛选（或压力筛选）+⑤ECF 漂白+⑥碱回收	①一级（混凝沉淀）+②二级（厌氧+活性污泥法）+③三级（Fenton 氧化）	≤90	≤20	≤30	≤8
化学机械浆	可行技术 1	①干法剥皮[a]+②两段磨浆+③过氧化氢漂白+④螺旋挤浆机+⑤全封闭压力筛选（或压力筛选）+⑥碱回收	①一级（混凝沉淀）+②二级（活性污泥法）+③三级（Fenton 氧化）	≤60	≤20	≤30	≤5
	可行技术 2		①一级（混凝沉淀）+②二级（活性污泥法）+③三级（混凝沉淀或气浮）	≤90	≤20	≤30	≤8

工艺分类	序号	预防技术	治理技术	污染物排放水平/（mg/L）			
				COD$_{Cr}$	BOD$_5$	SS	氨氮
化学机械浆	可行技术3	①干法剥皮[a]+②一段（或两段）磨浆+③过氧化氢漂白+④螺旋挤浆机（或真空洗浆机、带式洗浆机）+⑤全封闭压力筛选（或压力筛选）	①一级（混凝沉淀）+②二级（厌氧+活性污泥法）+③三级（Fenton氧化）	≤90	≤20	≤30	≤8
	可行技术4		①一级（混凝沉淀）+②二级（厌氧+活性污泥法）+③三级（混凝沉淀或气浮）	≤90	≤20	≤30	≤8
废纸制浆	可行技术1	①原料分选+②浮选脱墨	①一级（混凝沉淀或气浮）+②二级（厌氧+活性污泥法）+③三级（Fenton氧化）	≤60	≤10	≤10	≤5
	可行技术2		①一级（混凝沉淀或气浮）+②二级（厌氧+活性污泥法）+③三级（混凝沉淀或气浮）	≤90	≤20	≤30	≤8
	可行技术3	①原料分选	①一级（混凝沉淀或气浮）+②二级（厌氧+活性污泥法）+③三级（Fenton氧化）	≤60	≤10	≤10	≤5
	可行技术4		①一级（混凝沉淀或气浮）+②二级（厌氧+活性污泥法）+③三级（混凝沉淀或气浮）	≤90	≤20	≤30	≤8
机制纸及纸板	可行技术1	①宽压区压榨+②烘缸封闭气罩+③袋式通风+④废气热回收+⑤纸机白水回收及纤维利用+⑥涂料回收利用	①一级（混凝沉淀或气浮）+②二级（活性污泥法）+③三级（混凝沉淀或气浮）	≤80	≤20	≤30	≤8
	可行技术2		①一级（混凝沉淀或气浮）+②二级（活性污泥法）	≤80	≤20	≤30	≤8
	可行技术3	①宽压区压榨+②烘缸封闭气罩+③袋式通风+④废气热回收+⑤纸机白水回收及纤维利用	①一级（混凝沉淀或气浮）+②二级（活性污泥法）+③三级（混凝沉淀或气浮）	≤50	≤10	≤10	≤5
	可行技术4		①一级（混凝沉淀或气浮）+②二级（活性污泥法）	≤80	≤20	≤30	≤8
	可行技术5	①纸机白水回收及纤维利用	①一级（混凝沉淀或气浮）+②二级（活性污泥法）+③三级（混凝沉淀或气浮）	≤50	≤10	≤10	≤5
	可行技术6		①一级（混凝沉淀或气浮）+②二级（活性污泥法）	≤80	≤20	≤30	≤8

注：[a] 干法剥皮仅限于厂内有原木剥皮操作的企业使用；
　　[b] 铵盐基亚硫酸盐法制浆废水污染防治可行技术；
　　[c] 碱法制浆废水污染防治可行技术；
　　表中"+"代表废水处理技术的组合。

2.2.3　废水污染治理设施运行参考参数

（1）一级处理

1）过滤技术

格栅宜采用机械清污格栅，粗格栅间隙为 10～20 mm，细格栅间隙为 2～5 mm；采用斜筛时，筛网间隙为 60～100 目，过水能力宜为 10～15 m³/（m²·h）。

2）沉淀技术

沉淀技术参考参数见表 2-8。

表 2-8　沉淀技术参考参数

指标	单位	工艺参数
表面负荷	m³/（m²·h）	0.8～1.2
水力停留时间	h	2.5～4.0

3）混凝技术

混凝气浮技术参考参数见表 2-9，混凝沉淀技术参考参数见表 2-10。

表 2-9　混凝气浮技术参考参数

指标	单位	工艺参数
气水接触时间	s	30～100
表面负荷	m³/（m²·h）	5～8
水力停留时间	min	20～35

表 2-10　混凝沉淀技术参考参数

指标	单位	工艺参数
混合区混合时间	s	30～120
反应区反应时间	min	5～20
分离区液面负荷	m³/（m²·h）	1.0～1.5
分离区水力停留时间	h	2.0～3.5

（2）二级处理

1）厌氧技术

水解酸化技术参考参数见表 2-11。

表 2-11　水解酸化技术参考参数

指标	单位	工艺参数
pH	—	5.0～9.0
容积负荷	$kgCOD_{Cr}/（m^3·d）$	4～8
水力停留时间	h	3～8
COD_{Cr}：TN：TP	—	（350～500）：5：1

UASB 技术参考参数见表 2-12。

表 2-12　UASB 技术参考参数

指标	单位	工艺参数
污泥浓度	g/L	10～20
容积负荷	$kgCOD_{Cr}/（m^3·d）$	5～8
表面负荷	m/h	0.5～1.5
水力停留时间	h	12～20
COD_{Cr}：TN：TP	—	（100～500）：5：1
进水 BOD_5 与 COD_{Cr} 浓度比	—	＞0.3
进水 SS 浓度	mg/L	＜1 500
进水 SO_4^{2-} 浓度	mg/L	＜450
进水 SO_4^{2-} 与 COD_{Cr} 浓度比	—	＜0.1

内循环升流式厌氧技术参考参数见表 2-13。

表 2-13　内循环升流式厌氧技术参考参数

指标	单位	工艺参数
污泥浓度	g/L	20～40
容积负荷	$kgCOD_{Cr}/（m^3·d）$	10～25
表面负荷	m/h	3～8
水力停留时间	h	6～12
BOD_5：TN：TP	—	（350～500）：5：1

EGSB 技术参考参数见表 2-14。

表 2-14　EGSB 技术参考参数

指标	单位	工艺参数
污泥浓度	g/L	20～40
容积负荷	$kgCOD_{Cr}/（m^3·d）$	10～25
水力停留时间	h	6～12
COD_{Cr}：TN：TP	—	（100～500）：5：1
进水 SS 浓度	mg/L	＜2 000
进水 SO_4^{2-} 浓度	mg/L	＜1 000
进水 SO_4^{2-} 与 COD_{Cr} 浓度比	—	＜0.1

2）好氧技术

好氧技术参考参数见表 2-15，好氧生物处理设备表观状态对比见表 2-16。

表 2-15　好氧技术参考参数

指标	好氧生物处理技术及工艺参数			
	完全混合曝气	氧化沟	SBR	A/O
污泥浓度/（gMLSS/L）	2.5～6.0	3.0～6.0	3.0～5.0	2.5～6.0
污泥负荷/（kgCOD$_{Cr}$/kgMLSS）	0.15～0.4	0.1～0.3	0.25～0.50[①]	0.15～0.3
容积负荷/[kgCOD$_{Cr}$/（m^3·d）]	0.5～1.5	0.4～1.2	—	0.5～1.2
溶解氧浓度/（mg/L）	2～4	2～4	2～4	2～4
水力停留时间/h	15～30	18～32	8～20	15～32
污泥回流比/%	100～150	60～120	—	80～150
污泥沉降比/%	30～80	50～80	—	30～80
泥龄/d	12～20	18～25	—	15～25

① SBR 工艺的污泥负荷单位为"kgBOD$_5$/kgMLSS"。

表 2-16　好氧生物处理设备表观状态对比

表观状态	正常状态	不正常状态	可能原因
曝气池表面颜色	黄褐色	黑色	污泥有死区
		红色	可能开始发生污泥膨胀
曝气池表面漂浮物体	少量泡沫、少量浮渣	池面出现大量白色气泡、泡沫堆积情况	池内混合液污泥浓度太低
		出现大量棕黄色气泡或其他颜色气泡	丝状菌大量繁殖，或污水负荷波动较大，或曝气过高
二沉池表面漂浮物	表面清澈、有少量浮渣	有发黑腐败的大块污泥上浮，有臭味	污泥有死区，发生厌氧；或有污泥沉淀死角
		先出现零散的片状上浮污泥，并陆续蔓延。该上浮污泥呈浅褐色，伴有大量细微泡沫，不易打散。加水稀释搅拌后仍不沉淀，无异常气味，出水非常清澈，但经常夹杂些漂浮的细小污泥	发生污泥膨胀
		呈块状上浮现象，泥块中含有大量小气泡，污泥颜色呈黄褐色、无异味	气温高，细菌活性差；或总氮高，发生反硝化；或曝气过量
气味	鱼腥味	有臭味	污泥变质、发生厌氧反应

（3）三级处理

1）混凝气浮技术

混凝气浮技术参考参数见表 2-17。

表 2-17 混凝气浮技术参考参数

指标	单位	采用的气浮工艺及参数	
		普通气浮	浅层气浮
气水接触时间	s	30～100	—
表面负荷	m³/（m²·h)	6～9	—
水力停留时间	min	20～30	3～5
有效水深	mm	—	500～700

2）混凝沉淀技术

混凝沉淀技术参考参数见表 2-18。

表 2-18 混凝沉淀技术参考参数

指标	单位	工艺参数
混合区混合时间	s	30～120
反应区反应时间	min	5～20
沉淀区表面负荷	m³/（m²·h)	0.8～1.5
分离区水力停留时间	h	2.5～4

3）芬顿氧化技术

芬顿氧化技术参考参数见表 2-19。

表 2-19 芬顿氧化技术参考参数

指标	单位	工艺参数
pH	—	3～4
反应时间	min	30～40

（4）典型废水治理工艺处理效率

典型废水治理工艺处理效率见表 2-20。

表 2-20 典型废水治理工艺处理效率参照   单位：%

处理级别	处理工艺	主要工艺	处理效率		
			COD_{Cr}	BOD_5	SS
一级	过滤	格栅、滤筛	15～30	5～10	40～60
	沉淀	初沉池	15～30	5～20	40～55
	混凝气浮		30～50	25～40	70～85
	混凝沉淀		55～75	25～40	80～90

处理级别	处理工艺	主要工艺	处理效率		
			CODcr	BOD5	SS
二级	厌氧生化	水解酸化	10～30	10～20	30～40
		UASB	50～60	60～80	50～70
		内循环升流式厌氧技术	50～60	60～80	50～70
		EGSB	50～60	60～80	50～70
	好氧生化	完全混合曝气	60～80	80～90	70～85
		氧化沟	70～90	70～90	70～80
		SBR	75～85	70～90	70～80
		A/O	75～85	70～90	40～80
三级①		混凝气浮	30～50	25～40	70～85
		混凝沉淀	50～75	40～50	70～85
	高级氧化	芬顿氧化、混凝沉淀	70～90	70～90	70～90

① 根据不同标准限值的要求，最终的出水浓度取决于混凝（絮凝）剂及化学药品的添加量。

废水在线监测系统见图 2-1。

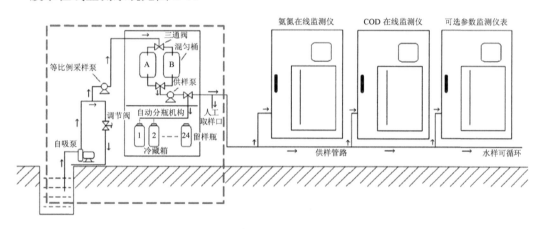

图 2-1　废水在线监测系统示意图

2.3　噪声污染治理措施

制浆造纸企业主要噪声源及噪声级见表 2-21。

表 2-21　主要噪声源及噪声级

序号	分类	噪声源	噪声级/dB（A）
1	设备噪声	剥皮削片机	89～105
		木片筛	85～90
		除节机	81～90
		切草机	85～90

序号	分类	噪声源	噪声级/dB（A）
1	设备噪声	粉碎机	85～90
		压力筛	78～91
		螺旋脱水机	80～90
		料塞螺旋	83～89
		高浓磨浆机	91～100
		低浓磨浆机	87～95
		渣浆磨	86～95
		碎浆机	85～93
		除砂系统	85～95
		盘磨机	95～105
		压光设备	92～108
		变速箱	81～92
		空压机	89～98
		蒸汽管道	90～103
2	高压排汽噪声（偶发）	碱回收炉	100～110
3	风机噪声	引风机、送风机	78～91
		鼓风机	83～87
4	泵类噪声	浆泵	79～90
		黑液泵	80～91
		绿液泵	81～89
		白液泵	73～81
		木片泵	85～90
		水泵	80～94
		循环泵	80～90
		真空泵	85～100
		循环冷却水塔	70～80

制浆造纸企业主要的可行降噪措施包括：由振动、摩擦和撞击等引起的机械噪声，通常采取减振、隔声措施，如对设备加装减振垫、隔声罩等，也可将某些设备传动的硬件连接改为软件连接；车间内可采取吸声和隔声等降噪措施；对于空气动力性噪声，通常采取安装消声器的措施。

制浆造纸企业常见隔声降噪措施见表 2-22。

表 2-22　主要噪声源常见隔声降噪措施

序号	噪声源	隔声降噪措施	降噪水平
1	设备噪声	厂房隔声	降噪量 20 dB（A）左右
		隔声罩	降噪量 20 dB（A）左右
		减振	降噪量 10 dB（A）左右
2	高压排汽噪声	消声器	消声量 30 dB（A）左右
3	风机噪声	消声器	消声量 25 dB（A）左右
4	泵类噪声	隔声罩	降噪量 20 dB（A）左右

2.4　固体废物综合利用和处置措施

固体废物处理处置可行技术见表 2-23。

表 2-23　固体废物处理处置可行技术

序号	固体废物类型		可行技术	技术适用性
1	备料废渣 （树皮、木屑、草屑等）		焚烧	适用于木材及非木材制浆企业
			堆肥	
2	废纸浆原料中的废渣		回收利用	适用于废纸制浆企业
3	浆渣		作为造纸原料	适用于制浆造纸企业
			焚烧	
4	碱回收工段 废渣	白泥	煅烧石灰回用	适用于硫酸盐法化学木浆企业
			生产碳酸钙	适用于碱法非木材制浆及化学机械法制浆企业
			作为脱硫剂	
			填埋	
		绿泥	填埋	适用于制浆企业
			焚烧	适用于硫酸盐法化学木浆及化学机械法制浆企业
		石灰渣	填埋	适用于制浆企业
			焚烧	适用于硫酸盐法化学木浆及化学机械法制浆企业
5	脱墨渣[①]		焚烧	适用于废纸制浆企业
			安全处置	
6	污水处理厂污泥		焚烧	适用于制浆造纸企业
			填埋	适用于制浆造纸企业
7	废聚酯网		回收利用	适用于机制纸及纸板生产企业

[①] 脱墨渣属于《国家危险废物名录》中所列危险废物，危险废物的贮存应符合《危险废物贮存污染控制标准》（GB 18597—2001）的要求，焚烧处置时应符合《危险废物焚烧污染控制标准》（GB 18484—2001）的要求。

3　造纸行业污染防治可行技术和排污许可证

3.1　造纸行业污染防治可行技术

2018 年 1 月，环境保护部发布《制浆造纸工业污染防治可行技术指南》（HJ 2302—2018）（以下简称《可行技术指南》），《可行技术指南》是启动排污许可制改革以来，环境保护主管部门发布的首批两个行业可行技术指南之一，是结合排污许可制改革判断企业是否具备达标排放能力的技术支撑体系的内容之一。受编制条件所限，该指南未能涵盖造纸全行业，而只是规定了制浆造纸工业的可行技术。具体来说，制浆造纸工业是指以植物（木材、非木材）或废纸等为原料生产纸浆，以及（或）以纸浆为原料生产纸张、纸板的工业。

《可行技术指南》介绍了化学法制浆、化学机械法制浆、废纸制浆、机制纸及纸板制造 4 种工艺产污环节的相关情况，列举了制浆造纸工业的废水污染治理技术、废气污染治理技术、固体废物污染治理技术、噪声污染治理技术，最后针对这 4 种生产工艺提出了污染预防技术和废水、废气、固体废物与噪声治理的可行技术。根据本研究需要，现就《可行技术指南》中涉及废水治理的主要内容摘录如下。

3.1.1　化学法制浆

3.1.1.1　预防技术

《可行技术指南》中指出，化学制浆法的污染预防技术包括：干法剥皮技术，该技术与湿法相比，技术吨浆用水量可以节省 3～10 t；干湿法备料技术，该技术具有除杂率高、净化效果好等优点，可减少蒸煮用碱量和漂白化学品用量；新型立式连续蒸煮技术，该技术具有蒸煮温度低、电耗低、制浆得率高、卡伯值低及可漂性好等特点，如果与后续氧脱木素技术结合，可使送漂白工段的针叶木浆卡伯值降低 10～14，阔叶木浆或竹浆卡伯值降低 6～10；改良型间歇蒸煮技术，该技术可有效降低蒸煮能耗，降低蒸汽消耗峰值；横管式连续蒸煮技术，该技术可以将初浆得率提高 4% 左右；纸浆高效洗涤技术，该技术可减少 3～5 t/t 风干浆，并实现废液中固形物和纤维的分离；全封闭压力筛选技术，该技术可以实现洗涤水完全封闭，筛选系统无清水加入，除浆渣等带走水分外，无废水排放；氧脱木素技术，该技术可减少漂白工段化学品用量，漂白工段 COD 产生负荷可减杀约 50%；无元素氯（ECF）漂白技术，该技术可有效降低漂白工段废水中二噁英及可吸附有机卤素（AOX）的产生量；黑液碱回收技术，该技术对制浆洗涤工段送来的黑液进行多效蒸发浓缩后，送碱回收炉燃烧的黑液固形物浓度可达到 50%以上；废液综合利用技术，该技术可将经提取和蒸发后的制浆废液，通过热风炉喷浆造粒制造成复合肥。具体见表 3-1。

表 3-1　化学法制浆污染预防技术

序号	工艺	技术名称	主要设备
1	备料	干法剥皮	圆筒剥皮机、辊式剥皮机
2		干湿法备料	
3	蒸煮	新型立式连续蒸煮	立式连续蒸煮器（蒸煮塔）
4		改良型间歇蒸煮	立式蒸煮锅及不同温度的白液槽和黑液槽
5		横管式连续蒸煮	横管式连续蒸煮器
6	洗涤	纸浆高效洗涤	压榨洗浆机
7	筛选	全封闭压力筛选	压力筛
8	氧脱木素	氧脱木素	
9	漂白	ECF 漂白	
10	碱回收	黑液碱回收	碱回收炉
11		高浓黑液蒸发及燃烧	超级浓缩器或结晶蒸发器［化学法木（竹）制浆］、圆盘蒸发器［化学法非木（竹）制浆］
12	废液处理	废液综合利用	热风炉

3.1.1.2　废水污染防治可行技术

化学制浆法的废水污染防治可行技术又分为化学木浆、化学竹浆、化学蔗渣浆、化学麦草及芦苇浆等不同生产企业废水污染防治可行技术，分别见表 3-2～表 3-5。

表 3-2　化学木浆生产企业废水污染防治可行技术

可行技术类型	预防技术	治理技术	污染物排放水平/（mg/L）			
			COD_{Cr}	BOD_5	SS	氨氮
可行技术 1	①干法剥皮+②新型立式连续蒸煮（或改良型间歇蒸煮）+③纸浆高效洗涤+④全封闭压力筛选+⑤氧脱木素+⑥ECF漂白+⑦碱回收（配套超级浓缩或结晶蒸发器）	①一级（混凝沉淀）+②二级（活性污泥法）+③三级（Fenton 氧化）	≤60	≤20	≤30	≤5
可行技术 2		①一级（混凝沉淀）+②二级（活性污泥法）+③三级（混凝沉淀）	≤90	≤20	≤30	≤8

可行技术类型	预防技术	治理技术	污染物排放水平/（mg/L）			
			COD_Cr	BOD_5	SS	氨氮
可行技术3	①干法剥皮+②连续蒸煮（或间歇蒸煮）+③压力洗浆机（或真空洗浆机）+④全封闭压力筛选（或压力筛选）+⑤氧脱木素+⑥ECF 漂白+⑦碱回收	①一级（混凝沉淀）+②二级（活性污泥法）+③三级（混凝沉淀或气浮）	≤90	≤20	≤30	≤8

注：表中"+"代表废水处理技术的组合。

表 3-3　化学竹浆生产企业废水污染防治可行技术

可行技术类型	预防技术	治理技术	污染物排放水平/（mg/L）			
			COD_Cr	BOD_5	SS	氨氮
可行技术1	①干法备料+②新型立式连续蒸煮（或改良型间歇蒸煮）+③纸浆高效洗涤+④全封闭压力筛选+⑤氧脱木素+⑥ECF 漂白+⑦碱回收	①一级（混凝沉淀）+②二级（活性污泥法）+③三级（混凝沉淀）	≤90	≤20	≤30	≤8
可行技术2	①干法备料+②间歇蒸煮+③压力洗浆机（或真空洗浆机）+④全封闭压力筛选（或压力筛选）+⑤氧脱木素+⑥ECF 漂白+⑦碱回收	①一级（混凝沉淀）+②二级（活性污泥法）+③三级（Fenton 氧化）	≤90	≤20	≤30	≤8
可行技术3		①一级（混凝沉淀）+②二级（活性污泥法）+③三级（混凝沉淀或气浮）	≤90	≤20	≤30	≤8

注：表中"+"代表废水处理技术的组合。

表 3-4　化学蔗渣浆生产企业废水污染防治可行技术

可行技术类型	预防技术	治理技术	污染物排放水平/（mg/L）			
			COD_Cr	BOD_5	SS	氨氮
可行技术1	①湿法堆存+②横管式连续蒸煮+③纸浆高效洗涤（或真空洗浆机）+④全封闭压力筛选+⑤氧脱木素+⑥ECF 漂白+⑦碱回收	①一级（混凝沉淀）+②二级（厌氧+活性污泥法）+③三级（Fenton 氧化）	≤90	≤20	≤30	≤8
可行技术2	①湿法堆存+②横管式连续蒸煮+③真空洗浆机+④全封闭压力筛选+⑤氧脱木素+⑥碱回收		≤90	≤20	≤30	≤8

注：表中"+"代表废水处理技术的组合。

表 3-5 化学麦草及芦苇浆生产企业废水污染防治可行技术

可行技术类型	预防技术	治理技术	污染物排放水平/（mg/L）			
			COD$_{Cr}$	BOD$_5$	SS	氨氮
可行技术 1	①干法备料+②连续蒸煮+③纸浆高效洗涤+④全封闭压力筛选+⑤氧脱木素+⑥废液综合利用	①一级（混凝沉淀）+②二级（厌氧+活性污泥法）+③三级（Fenton 氧化）	≤90	≤20	≤30	≤8
可行技术 2	①干湿法备料+②横管式连续蒸煮+③制浆高效洗浆（或真空洗浆机）+④全封闭压力筛选+⑤氧脱木素+⑥ECF漂白+⑦碱回收	①一级（混凝沉淀）+②二级（厌氧+活性污泥法）+③三级（混凝沉淀）	≤90	≤20	≤30	≤8
可行技术 3	①干湿法备料+②间歇蒸煮+③真空洗浆机+④全封闭压力筛选（或压力筛选）+⑤ECF漂白+⑥碱回收	①一级（混凝沉淀）+②二级（厌氧+活性污泥法）+③三级（Fenton 氧化）	≤90	≤20	≤30	≤8

注：可行技术 1 为铵盐基亚硫酸盐法制浆废水污染防治可行技术；可行技术 2、可行技术 3 为碱法制浆废水污染防治可行技术；表中"+"代表废水处理技术的组合。

3.1.2 化学机械法制浆

3.1.2.1 预防技术

化学机械法制浆的污染预防技术主要包括两段磨浆技术、高效洗涤和流程控制技术、废液碱蒸发回收技术等。两段磨浆技术的第二段采用的低浓磨浆，可使磨浆能耗降低120～200 kW/t 风干浆；高效洗涤和流程控制技术，该技术优化了用水回路，提高了制浆洁净度，降低后续漂白化学品消耗量，降低洗涤用水量；废液碱蒸发回收技术适用于同时生产化学浆和化学机械浆的企业，可减少新鲜水使用量约为 5 t/t 的风干浆，但蒸发工段会增加蒸汽和电能消耗。具体技术参数见表 3-6。

表 3-6 化学机械法制浆污染预防技术参数

序号	工序	技术名称	主要设备
1	磨浆	两段磨浆	
2	洗涤	螺旋压榨机组成的洗涤系统	螺旋压榨机
3	碱回收	废液碱回收	

3.1.2.2 废水污染防治可行技术

化学机械法制浆生产企业废水一级处理一般采用混凝沉淀的方法，制浆废液采用碱回收处置的企业，废水二级处理可采用单独的好氧处理单元；制浆废液进入污水处理系统处理，二级处理采用厌氧与好氧处理相结合的方式，好氧处理单元通常可选择完全混合活性污泥法、氧化沟或 SBR 处理工艺，三级处理采用 Fenton 氧化、混凝沉淀或气浮等方法。化学机械法制浆生产企业废水污染防治可行技术见表 3-7。

表 3-7　化学机械法制浆生产企业废水污染防治可行技术

可行技术类型	预防技术	治理技术	污染物排放水平/（mg/L）			
			COD$_{Cr}$	BOD$_5$	SS	氨氮
可行技术 1	①干法剥皮+②两段磨浆+③过氧化氢漂白+④螺旋挤浆机+⑤全封闭压力筛选（或压力筛选）+⑥碱回收	①一级（混凝沉淀）+②二级（活性污泥法）+③三级（Fenton 氧化）	≤60	≤20	≤30	≤5
可行技术 2		①一级（混凝沉淀）+②二级（活性污泥法）+③三级（混凝沉淀或气浮）	≤90	≤20	≤30	≤8
可行技术 3	①干法剥皮+②两段磨浆+③过氧化氢漂白+④螺旋挤浆机+⑤全封闭压力筛选（或压力筛选）+⑥碱回收	①一级（混凝沉淀）+②二级（厌氧+活性污泥法）+③三级（Fenton 氧化）	≤90	≤20	≤30	≤8
可行技术 4		①一级（混凝沉淀）+②二级（厌氧+活性污泥法）+③三级（混凝沉淀或气浮）	≤90	≤20	≤30	≤8

注：表中"+"代表废水处理技术的组合。

3.1.3　废纸制浆

3.1.3.1　预防技术

废纸制浆的污染预防技术主要有废纸原料分选技术和浮选脱墨技术等。废纸原料分选技术可提高成品纸的质量，减少废纸加工过程中污染物的产生量；浮选脱墨技术可减少纤维的流失，降低废水的污染负荷。

3.1.3.2　废水污染防治可行技术

废纸制浆生产企业在对水回收纤维后，一级处理一般采用混凝沉淀或气浮的方法，二级处理采用厌氧与好氧处理相结合的方式，好氧处理单元通常可选择完全混合活性污泥法或 A/O 处理工艺，三级处理采用 Fenton 氧化、混凝沉淀或气浮的方法。废纸制浆生产企业废水污染防治可行技术见表 3-8。

表 3-8　废纸制浆生产企业废水污染防治可行技术

可行技术类型	预防技术	治理技术	污染物排放水平/（mg/L）			
			COD$_{Cr}$	BOD$_5$	SS	氨氮
可行技术 1	①原料分选+②浮选脱墨	①一级（混凝沉淀或气浮）+②二级（厌氧+活性污泥法）+③三级（Fenton 氧化）	≤60	≤10	≤10	≤5
可行技术 2		①一级（混凝沉淀或气浮）+②二级（厌氧+活性污泥法）+③三级（混凝沉淀或气浮）	≤90	≤20	≤30	≤8
可行技术 3	①原料分选	①一级（混凝沉淀或气浮）+②二级（厌氧+活性污泥法）+③三级（Fenton 氧化）	≤60	≤10	≤10	≤5
可行技术 4		①一级（混凝沉淀）+②二级（厌氧+活性污泥法）+③三级（混凝沉淀或气浮）	≤90	≤20	≤30	≤8

注：表中"+"代表废水处理技术的组合。

3.1.4　机制纸及纸板制造

3.1.4.1　预防技术

机制纸及纸板制造的污染预防技术包括宽亚区压榨技术、烘缸封闭气罩技术、袋式通风技术、废气热回收技术、纸机白水回收及纤维利用技术和涂料回收利用技术等。宽亚区压榨技术的采用，使干燥部节约能耗 20%～30%，脱水效率、车速显著提高；烘缸封闭气罩技术可降低干燥能耗及车间噪声；袋式通风技术可使纸机车速提高约 10%，干燥能力提高 10%～20%；废气热回收技术可回收干燥部的热能；纸机白水回收及纤维利用技术可减少清水用量，降低废水产生量，提高原料利用率；涂料回收利用技术可减少清水用量，降低废水的污染负荷，避免黏合剂、防腐剂等物质对污水处理厂的运行造成影响。具体技术参数见表 3-9。

表 3-9　机制纸及纸板制造污染预防技术参数

序号	技术名称	主要设备
1	宽压榨区压榨技术	靴型压榨、大辊型压榨
2	烘缸封闭气罩技术	烘缸封闭气罩
3	袋式通风技术	袋式通风装置
4	废气热回收技术	干燥部排气-空气换热器、干燥部排气-气换热器
5	纸机白水回收及纤维利用技术	
6	涂料回收利用技术	超滤

3.1.4.2 废水污染防治可行技术

机制纸及纸板生产废水被回收纤维后，一级处理一般采用混凝沉淀或气浮的方法，二级处理采用单独的活性污泥法好氧处理单元，通常可选择完全混合活性污泥法或 A/O 处理工艺，企业根据需要选择三级处理工序，一般采用混凝沉淀或气浮的方法。机制纸及纸板生产企业废水污染防治可行技术见表 3-10。

表 3-10　机制纸及纸板生产企业废水污染防治可行技术

可行技术类型	预防技术	治理技术	污染物排放水平/（mg/L）			
			COD$_{Cr}$	BOD$_5$	SS	氨氮
可行技术 1	①宽压区压榨+②烘缸封闭气罩+③袋式通风+④废气热回收+⑤纸机	①一级（混凝沉淀或气浮）+②二级（活性污泥法）+③三级（混凝沉淀或气浮）	≤80	≤20	≤30	≤8
可行技术 2	白水回收及纤维利用+⑥涂料回收利用	①一级（混凝沉淀或气浮）+②二级（活性污泥法）	≤80	≤20	≤30	≤8
可行技术 3	①宽压区压榨+②烘缸封闭气罩+③袋式通风+④废气热回收+⑤纸机白水回收及纤维利用	①一级（混凝沉淀或气浮）+②二级（活性污泥法）+③三级（混凝沉淀或气浮）	≤50	≤10	≤10	≤5
可行技术 4		①一级（混凝沉淀或气浮）+②二级（活性污泥法）	≤80	≤20	≤30	≤8
可行技术 5	①纸机白水回收及纤维利用	①一级（混凝沉淀或气浮）+②二级（活性污泥法）+③三级（混凝沉淀或气浮）	≤50	≤10	≤10	≤5
可行技术 6		①一级（混凝沉淀或气浮）+②二级（活性污泥法）	≤80	≤20	≤30	≤8

注：表中"+"代表废水处理技术的组合。

3.2　造纸行业排污许可证

3.2.1　基本信息

排污许可证副本中载明以下基本信息：

1）排污单位名称、注册地址、法定代表人或者主要负责人、技术负责人、生产经营场所地址、行业类别、统一社会信用代码等排污单位基本信息。

排污许可证以表格形式载明制浆造纸企业的上述信息。

2）排污许可证有效期限、发证机关、发证日期、证书编号和二维码等基本信息。

3.2.2 登记事项

排污许可证副本中记录以下登记事项：

1）主要生产设施、主要产品及产能、主要原辅材料等；

2）产排污环节、污染防治设施等；

3）环境影响评价审批意见、依法分解落实到本单位的重点污染物排放总量控制指标、排污权有偿使用和交易记录等。

具体信息如下：

1）主要产品及产能信息表主要登记了制浆造纸企业的主要生产单元名称、主要工艺名称、生产设施名称、生产设施编号、设施参数、其他设施信息、产品名称、生产能力、计量单位、设计年生产时间、其他产品信息和其他工艺信息等。

主要原辅材料及燃料信息表主要登记了辅料的种类、名称、年最大使用量、计量单位、硫元素占比、有毒有害成分及占比和其他信息；燃料的名称、灰分、硫分、挥发分、热值、年最大使用量及其他信息。

2）废气产排污节点、污染物及污染治理设施信息表登记了制浆造纸企业生产设施编号、生产设施名称、对应产污环节名称、污染物种类、排放形式、污染治理设施编号、污染治理设施名称、污染治理设施工艺、是否为可行技术、污染治理设施其他信息、有组织排放口编号、排放口设置是否符合要求、排放口类型及其他信息。其中，生产设施编号、生产设施名称与主要产品及产能信息表中生产设施编号、生产设施名称一一对应。

废水类别、污染物及污染治理设施信息表登记了制浆造纸企业废水类别、污染物种类、排放去向、排放规律、污染治理设施编号、污染治理设施名称、污染治理设施工艺、是否为可行技术、污染治理设施其他信息、排放口编号、排放口设置是否符合要求、排放口类型及其他信息。

3）如果制浆造纸企业发生排污权交易，排污许可证则需要载明排污权的使用和交易信息；如果未发生交易，无须载明。

3.2.3 许可事项

排污许可证副本中规定以下许可事项：

1）排放口位置和数量、污染物排放方式和排放去向等，大气污染物无组织排放源的位置和数量；

2）排放口和无组织排放源排放污染物的种类、许可排放浓度、许可排放量；

3）取得排污许可证后应当遵守的环境管理要求；

4）法律法规规定的其他许可事项。

排污许可证执法检查时，重点检查排污许可证规定的许可事项的实施情况。通过执法监测、检查台账记录和自动监测数据以及其他监控手段，核实排污数据和执行报告的真实性，判定是否符合许可排放浓度和许可排放量，检查环境管理要求落实情况。

3.2.3.1　许可排放口

（1）废气排放口

以表格形式给出了排放口编号、污染物种类、排污口地理坐标（经度、纬度）、排气筒高度、排气筒出口内径及其他信息。

（2）废水排放口

废水直接排放口基本情况表给出了排放口编号、排污口地理坐标（经度、纬度）、排放去向、排放规律、间歇排放时段、受纳自然水体信息（名称、功能目标）、汇入受纳自然水体处地理坐标（经度、纬度）及其他信息。

废水间接排放口基本情况表给出了排放口编号、排放口地理坐标（经度、纬度）、排放去向、排放规律、间歇排放时段、受纳污水处理厂信息（名称、污染物种类、国家或地方污染物排放标准浓度限值）。

3.2.3.2　许可排放限值

（1）废气

大气污染物有组织排放表中给出了各排放口各种污染物许可排放浓度限值、许可排放速率限值、分五年的许可年排放量限值、承诺的更加严格的排放浓度限值，颗粒物、二氧化硫、氮氧化物全厂有组织排放总计，主要排放口备注信息、一般排放口备注信息及全厂有组织排放总计备注信息。

特殊情况下大气污染物有组织排放表中给出了环境质量限期达标规划要求下的主要排放口、一般排放口、无组织排放、全厂合计的颗粒物、二氧化硫、氮氧化物的许可排放时段、许可排放浓度限值、许可日排放量限值、许可月排放量限值；重污染天气应对要求下的主要排放口、一般排放口、无组织排放、全厂合计的颗粒物、二氧化硫、氮氧化物的许可排放时段、许可排放浓度限值、许可日排放量限值、许可月排放量限值；冬季污染防治其他备注信息和其他特殊情况备注信息等。

大气污染物无组织排放表中给出了无组织排放编号、产污环节、污染物种类、主要污染防治措施、国家或地方污染物排放标准的名称及浓度限值、分五年的年许可排放量限值、申请特殊时段许可排放量限值等。

（2）废水

废水污染物排放表中给出了主要排放口、一般排放口、设施或车间废水排放口的排放口编号、污染物种类、许可排放浓度限值、主要排放口分五年的许可年排放限值，以及主要排放口、一般排放口、设施或车间废水排放口、全厂排放口的备注信息。

特殊情况下废水污染物排放表中给出了环境质量限期达标规划等在对排污单位更加严格的排放控制要求的情况下的排污口编号、许可排放时段、许可排放浓度限值、许可排放量限值以及其他信息。

3.2.3.3　许可排放量

（1）大气污染物许可排放量

排污单位分年度明确了颗粒物、二氧化硫、氮氧化物的年许可排放量。

（2）水污染物许可排放量

排污单位分年度明确了主要排放口和全厂排放口 COD、氨氮的年许可排放量。

3.2.3.4　环境管理要求

（1）自行监测

自行监测及记录表针对污染源类别（废气、废水）对各个排放口（对应排污口编号）的监测内容、污染物名称、监测设施、自动监测是否联网、自动监测仪器名称、自动监测设施安装位置、自动监测设施是否符合安装运行和维护等的管理要求、手工监测采样方法及个数、手工监测频次、手工测定方法和其他信息进行了规定。

（2）环境管理台账记录

环境管理台账记录表规定了设施类别、操作参数、记录内容、记录频次、记录形式及其他信息。

（3）执行报告

执行（守法）报告信息表规定了执行（守法）报告的主要内容、上报频次及其他信息。

（4）信息公开

信息公开表对制浆造纸企业信息公开方式、时间节点、公开内容和公开信息进行了规定。

4 污染防治可行技术支撑排污许可管理

4.1 支撑排污许可申请与核发

我国的《排污许可管理办法（试行）》（环境保护部令 第 48 号）第二十九条规定，核发环保部门应当对排污单位的申请材料进行审核，"采用的污染防治设施或者措施有能力达到许可排放浓度要求"是向排污单位核发排污许可证的必要条件之一。而《可行技术指南》提出，可行技术是指在一定时期内，在我国制浆造纸工业污染防治过程中，采用污染预防技术、污染治理技术及环境管理措施，使污染物排放稳定达到或优于国家污染物排放标准，且具有一定应用规模的技术。也就是说，排污单位如果采用了《可行技术指南》规定的可行技术，则可以认为其具备达标排放的能力。因此，污染防治可行技术指南理论上可以较好地支撑排污许可证的核发工作，但是无论是污染排污许可还是可行技术指南的编制都是新事物，在实践过程中是否能够实现较好的匹配具有较强的现实研究意义，需要及时地跟踪和评估。

4.1.1 审核程序

根据《造纸行业排污许可证申请与核发技术规范》和《造纸行业排污许可证审核要求》的有关规定，如果企业采用《可行技术指南》中规定的技术，则可以认为企业具备达标排放能力，生态环境部门可以核发排污许可证。按照排污许可证的审核程序，结合《可行技术指南》的可行技术分类，本次研究提出图 4-1 的可行技术支撑排污许可证核发的审核程序。生态环境部门通过审核企业提交的申请材料，在申请材料的登记信息中核查企业是否采用污染预防和治理技术，在申请材料的产排污环节和污染防治措施中核查企业是否采用污染防治可行技术，核查结果如果符合《可行技术指南》的要求，则可以认为企业具备发证条件，否则认为不具备发证条件，需要企业提交额外的证明材料。

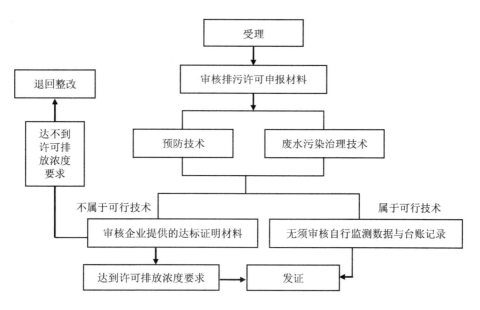

图 4-1　造纸行业排污许可证废水污染防治可行技术审核程序

4.1.2　审核内容

核发部门按照排污许可申请与核发技术规范要求，并参照《制浆造纸工业污染防治可行技术指南》（HJ 2302—2018），在企业的生产工艺、废水治理技术、采用的设施和措施等方面，审核企业是否采用废水污染防治可行技术。

4.1.2.1　预防技术的审核

按照《可行技术指南》的要求及造纸行业排污许可证填报的要求，通过试点企业审核，收集、处理企业填报的生产工艺数据。《可行技术指南》要求及造纸行业排污许可证填报要求对照情况见表 4-1。

表 4-1　预防技术要求对比情况

工艺		可行技术指南		排污许可字典项
		技术名称	可行技术编号	
化学木浆	备料	干法剥皮	1、2、3	无必填要求
	蒸煮	新型立式连续蒸煮（或改良型间歇蒸煮）	1、2	改良型间歇蒸煮
		连续蒸煮（或间歇蒸煮）	3	连续蒸煮器、热置换型连续蒸煮器、间歇蒸煮、立锅、蒸球
	洗涤	纸浆高效洗涤	1、2	置换洗浆机、螺旋挤浆机
		压力洗浆机（或真空洗浆机）	3	真空洗浆机、压力洗浆机

工艺	可行技术指南			排污许可字典项
		技术名称	可行技术编号	
化学木浆	筛选	全封闭压力筛选	1、2	全封闭压力筛选
		全封闭压力筛选（或压力筛选）	3	全封闭压力筛选、压力筛选
	氧脱木素	氧脱木素	1、2、3	一段、两段
	漂白	ECF 漂白	1、2、3	二氧化氯漂白
	碱回收	配套超级浓缩或结晶蒸发器	1、2	无必填要求
		配套碱回收	3	碱回收炉
化学竹浆	备料	干法备料	1、2、3	干法备料
	蒸煮	新型立式连续蒸煮（或改良型间歇蒸煮）	1	改良型间歇蒸煮
		间歇蒸煮	2、3	间歇蒸煮、立锅、蒸球
	洗涤	纸浆高效洗涤（或真空洗浆机）	1	置换洗浆机、螺旋挤浆机、真空洗浆机
		压力洗浆机（或真空洗浆机）	2、3	真空洗浆机、压力洗浆机
	筛选	全封闭压力筛选	1	全封闭压力筛选
		全封闭压力筛选（或压力筛选）	2、3	全封闭压力筛选、压力筛选
	氧脱木素	氧脱木素	1、2、3	一段、两段
	漂白	ECF 漂白	1、2、3	二氧化氯漂白
	碱回收	配套碱回收	1、2、3	碱回收炉
化学蔗渣浆	备料	湿法堆存	1、2	无必填要求
	蒸煮	横管式连续蒸煮	1、2	连续蒸煮器、热置换型连续蒸煮器
	洗涤	纸浆高效洗涤（或真空洗浆机）	1	置换洗浆机、螺旋挤浆机、真空洗浆机
		真空洗浆机	2	真空洗浆机
	筛选	全封闭压力筛选	1、2	全封闭压力筛选
	氧脱木素	氧脱木素	1	一段、两段
		无氧脱木素	2	无
	漂白	ECF 漂白	1、2	二氧化氯漂白
	碱回收	有碱回收	1、2	碱回收炉
化学麦草及芦苇浆	备料	干湿法备料	1、2、3	无必填要求
	蒸煮	连续蒸煮	1	连续蒸煮器、热置换型连续蒸煮器
		横管式连续蒸煮	2	
		间歇蒸煮	3	间歇蒸煮、立锅、蒸球
	洗涤	纸浆高效洗涤	1	置换洗浆机、螺旋挤浆机
		纸浆高效洗涤（或真空洗浆机）	2	置换洗浆机、螺旋挤浆机、真空洗浆机
		真空洗浆机	3	真空洗浆机
	筛选	全封闭压力筛选	1、2	全封闭压力筛选
		全封闭压力筛选（或压力筛选）	3	全封闭压力筛选、压力筛选
	氧脱木素	氧脱木素	1、2	一段、两段
		无氧脱木素	3	无

工艺		可行技术指南		排污许可字典项
		技术名称	可行技术编号	
化学麦草及芦苇浆	漂白	ECF 漂白	2、3	二氧化氯漂白
	碱回收	有碱回收	2、3	碱回收炉
	废液综合利用	无漂白、碱回收工序，有废液综合利用	1	亚氨法废液综合利用
化学机械法制浆	备料	干法剥皮	1、2、3、4	无必填要求
	机械磨浆	两段磨浆	1、2	无必填要求
		一段（或两段）磨浆	3、4	
	漂白	过氧化氢漂白	1、2、3、4	过氧化氢漂白
	洗涤	螺旋挤浆机	1、2	螺旋挤浆机
		螺旋挤浆机（或真空洗浆机、带式洗浆机）	3、4	螺旋挤浆机、真空洗浆机、带式洗浆机
	筛选	全封闭压力筛选（或压力筛选）	1、2、3、4	全封闭压力筛选、压力筛选
	碱回收	有碱回收	1、2	碱回收炉
		无碱回收	3、4	无碱回收炉
废纸制浆	备料	原料分选	1、2、3、4	废纸挑选
	脱墨	浮选脱墨	1、2	一级浮选、二级浮选
机制纸及纸板制造	压榨	宽压区压榨	1、2、3、4	无必填要求
	涂料回收	涂料回收利用	1、2	无必填要求
	白水回收	纸机白水回收及纤维利用	1、2、3、4、5	气浮、沉淀塔、多盘回收机、圆网浓缩机、其他

从表 4-1 可以看出，结合现有造纸企业排污许可证申报要求和申报现状，在《可行技术指南》提出的 11 项预防技术中，干法剥皮、碱回收中配套的超级浓缩或结晶蒸发器、新型立式连续蒸煮、干湿法备料、两段磨浆、宽压区压榨等技术由于申报过程中无明确要求，而且企业申报信息缺乏相关数据，因此，往往无法对是否采用预防技术进行判断；对于纸浆高效洗涤、氧脱木素、纸机白水回收及纤维利用 3 项技术，由于《可行技术指南》和排污许可证申请要求表述不一致，则需要进一步进行专业判断；而对于连续蒸煮、改良型间歇蒸煮、横管式连续蒸煮、压力洗浆机、全封闭压力筛选、ECF 漂白、配套碱回收、干法备料、有碱回收、有废液综合利用、螺旋挤浆机、浮选脱墨等工艺则可以直接根据企业申请材料进行判断。

4.1.2.2　污染治理可行技术审核

按照《可行技术指南》的要求及造纸行业排污许可证填报的要求，通过试点企业审核，收集、处理企业填报的废水污染治理技术数据。《可行技术指南》要求及造纸行业排污许可证填报要求对照情况见表 4-2。从表中可以看出，由于在污染治理技术方面难以进行直接判断，所以仍需要根据实际填报情况进行专业判断才能确定是否采用可行技术。

表 4-2　废水治理技术对比情况

工艺	可行技术指南		排污许可字典项
	技术名称	可行技术编号	
化学木浆	①一级（混凝沉淀）+②二级（活性污泥法）+③三级（Fenton氧化）	1	混凝、沉淀、絮凝、气浮、厌氧、好氧、蒸发结晶、深度处理
	①一级（混凝沉淀）+②二级（活性污泥法）+③三级（混凝沉淀）	2	
	①一级（混凝沉淀）+②二级（活性污泥法）+③三级（混凝沉淀或气浮）	3	
化学竹浆	①一级（混凝沉淀）+②二级（活性污泥法）+③三级（混凝沉淀）	1	
	①一级（混凝沉淀）+②二级（活性污泥法）+③三级（Fenton氧化）	2	
	①一级（混凝沉淀）+②二级（活性污泥法）+③三级（混凝沉淀或气浮）	3	
化学蔗渣浆	①一级（混凝沉淀）+②二级（厌氧+活性污泥法）+③三级（Fenton氧化）	1、2	
化学麦草及芦苇浆	①一级（混凝沉淀）+②二级（厌氧+活性污泥法）+③三级（Fenton氧化）	1、3	
	①一级（混凝沉淀）+②二级（厌氧+活性污泥法）+③三级（混凝沉淀）	2	
化学机械法制浆	①一级（混凝沉淀）+②二级（活性污泥法）+③三级（Fenton氧化）	1	
	①一级（混凝沉淀）+②二级（活性污泥法）+③三级（混凝沉淀或气浮）	2	
	①一级（混凝沉淀）+②二级（厌氧+活性污泥法）+③三级（Fenton氧化）	3	
	①一级（混凝沉淀）+②二级（厌氧+活性污泥法）+③三级（混凝沉淀或气浮）	4	
废纸制浆	①一级（混凝沉淀或气浮）+②二级（厌氧+活性污泥法）+③三级（Fenton氧化）	1、3	
	①一级（混凝沉淀或气浮）+②二级（厌氧+活性污泥法）+③三级（混凝沉淀或气浮）	2、4	
机制纸及纸板制造	①一级（混凝沉淀或气浮）+②二级（活性污泥法）+③三级（混凝沉淀或气浮）	1、3、5	
	①一级（混凝沉淀或气浮）+②二级（活性污泥法）	2、4、6	

4.2 支撑执法检查

4.2.1 废水排放合规性执法检查

4.2.1.1 排放口合规性检查

4.2.1.1.1 检查重点

重点检查所有生产废水和生活污水的排放方式和排放口地理坐标、排放去向、排放规律和受纳自然水体信息。

单独排入城镇集中污水处理设施的生活污水仅检查去向。

采用元素氯漂白工艺的，还应在相应车间或生产设施出水口专门增设规范的排污口。

4.2.1.1.2 检查方法

以核发的排污许可证为基础，现场核实排放去向、排放规律、受纳自然水体信息与排污许可证许可事项的一致性，对排放口设置的规范性进行检查。

（1）排放去向

通过实地察看排放口，确定排放去向、受纳水体与排污许可证许可事项的相符性，检查是否有通过未经许可的排放口排放污染物的行为。对采用间接方式排放的企业，可通过检查与下游污水处理单位的协议等文件进行核实。发现废水排放去向与排污许可证规定不相符的，须立即开展调查并根据调查结果进行执法。

（2）排放口

根据《排污口规范化整治技术要求（试行）》（国家环境保护局 环监〔1996〕470 号），对排放口设置的规范性进行检查，主要要求如下：

1）合理确定污水排放口位置。按照《地表水和污水监测技术规范》（HJ/T 91）的要求设置采样点，如在工厂总排放口、排放一类污染物的车间排放口、污水处理设施的进水口和出水口等处设置采样点。应设置规范的、便于测量流量和流速的测流段。列入重点整治的污水排放口应安装流量计。一般污水排污口可安装三角堰、矩形堰、测流槽等测流装置或其他计量装置。

2）开展排放口（源）规范化整治的单位，必须使用统一制作和监制的环境保护图形标志牌；环境保护图形标志牌设置位置应距污染物排放口（源）或采样点较近且醒目处，并能长久保留；对一般性污染物排放口（源），设置提示性环境保护图形标志牌，对排放剧毒、致癌物及对人体有严重危害物质的排放口（源），设置警告性环境保护图形标志牌。

3）各级生态环境部门和排污单位均需使用统一印制的《中华人民共和国规范化排污口标志登记证》，并按要求认真填写有关内容。登记证与标志牌配套使用，由各地生态环境部门签发给有关排污单位。

4）规范化整治排污口的有关设施（如计量装置、标志牌等）属环境保护设施，各地生态环境部门应按照有关环境保护设施监督管理规定，加强日常监督管理，排污单位应将环境保护设施纳入本单位设备管理，制定相应的管理办法和规章制度。

地方生态环境部门针对排污口规范化整治有进一步要求的，按照地方生态环境部门要求执行。

4.2.1.2 排放浓度与许可浓度一致性检查

4.2.1.2.1 采取污染治理措施情况

（1）检查重点

检查是否采取了污水处理措施，核查产排污环节对应的废水污染治理设施编号、名称，工艺是否为可行技术。

（2）检查方法

在检查过程中以核发的排污许可证为基础，现场检查废水污染治理设施名称、工艺等与排污许可证登记事项的一致性。

对废水污染治理措施是否属于可行技术进行检查，利用可行技术判断企业是否具备符合规定的防治污染设施和污染物处理能力。在检查过程中发现废水污染治理措施不属于可行技术的，需在后续的执法中关注排污情况，重点对达标情况进行检查。

制浆造纸企业废水污染治理可行技术路线见表2-7。

4.2.1.2.2 污染治理设施运行情况

（1）检查重点

重点检查各污染治理设施是否正常运行，以及运行和维护情况。

（2）检查方法

在检查过程中对废水产生量及其与污水处理站进水量、排水量的一致性进行检查。现场检查污染治理设施的运行记录，如用电量记录、絮凝剂等试剂购买、使用消耗记录；核对药剂的使用量；对废水处理量与耗电量的相关性进行检查；现场检查污染治理设施的维修记录。

在检查过程中发现废水产生量低于最低排水量，或与污水处理站进水量不一致的，污水处理站进水量与排水量不一致的，废水处理量与耗电量相关性曲线波动不在正常范围的，需要重点检查是否存在使用暗管、渗井、渗坑、灌注或者篡改、伪造监测数据，或者不正常运行防治污染设施等逃避监管的方式等违法排放污染物的情况。

对治理措施工艺参数或处理设备表观状态进行检查。在检查过程中发现废水治理措施工艺参数不相符或处理设备表观状态不正常的，在后续的执法中须对达标情况进行重点检查。废水污染治理设施运行参考参数参见 2.2.3 节。

4.2.1.2.3　污染物排放浓度满足许可浓度要求的情况

（1）检查重点

重点检查各排放口的化学需氧量、氨氮等污染物浓度是否低于许可排放浓度限值要求。

（2）检查方法

各项废水污染物采用自动监测、执法监测、企业自行开展的手工监测进行确定。

1）自动监测

对按照监测规范要求获取的自动监测数据进行计算，得到有效日均浓度值与许可排放浓度限值，将两者进行对比，超过许可排放浓度限值的，即视为超标。

对于自动监测，有效日均浓度是以一日为一个监测周期获得的某个污染物的多个有效监测数据的平均值。在同时监测污水排放流量的情况下，有效日均浓度是以流量为权重的某个污染物的有效监测数据的加权平均值；在未监测污水排放流量的情况下，有效日均浓度是某个污染物的有效监测数据的算术平均值。

自动监测的有效日均浓度应根据《水污染源在线监测系统数据有效性判别技术规范（试行）》（HJ/T 356）、《水污染源在线监测系统运行与考核技术规范（试行）》（HJ/T 355）等相关文件确定。技术规范修订后，按其最新修订版执行。

2）执法监测

对造纸企业进行执法监测时，以现场即时采样或监测的结果，作为判定污染物排放是否超标的证据。

若同一时段的现场监测数据与在线监测数据不一致，现场监测数据符合法定的监测标准和监测方法的，以该现场监测数据作为优先证据使用。

3）手工自行监测

按照自行监测方案、监测规范要求开展的手工监测，当日各次监测数据平均值（或当日混合样监测数据）超标的，即视为超标。

4.2.1.3　实际排放量与许可排放量一致性检查

（1）检查重点

重点检查化学需氧量、氨氮的实际排放量是否满足年许可排放量要求。

（2）检查方法

实际排放量为正常排放量和非正常排放量之和，核算方法包括实测法（分为自动监测和手工监测）、物料衡算法、产排污系数法。

正常情况下，对应当采用自动监测方式监测的排放口和污染因子，根据符合监测规范的有效自动监测数据核算实际排放量。对应当采用自动监测方式监测而未采用的排放口或污染因子，采用产排污系数法核算实际排放量，且均按直接排放进行核算。对未要求采用自动监测方式监测的排放口或污染因子，按照优先顺序依次选取符合国家有关环境监测、计量认证规定和技术规范的自动监测数据、手工监测数据进行核算；若同一时段的手工监测数据与执法监测数据不一致，以执法监测数据为准。非正常情况下，废水污染物在核算时段内的实际排放量采用产排污系数法核算，且均按直接排放进行核算。

制浆造纸企业排污单位如果含有适用其他行业排污许可技术规范的生产设施，废水污染物的实际排放量采用实测法核算时，按《关于发布计算环境保护税应税污染物排放量的排污系数和物料衡算方法的公告》中所列方法核算。采用产排污系数法核算时，实际排放量为涉及的各行业生产设施实际排放量之和。

1）正常情况下污染物排放量核算

① 实测法

实测法是利用实际废水排放量及其所对应污染物排放浓度核算污染物排放量，适用于具有有效自动监测或手工监测数据的排污单位。

a. 采用自动监测系统监测数据核算。获得有效自动监测数据的，可以采用自动监测数据核算污染物排放量。污染源自动监测系统及数据须符合 HJ/T 353、HJ/T 354、HJ/T 355、HJ/T 356、HJ/T 373、HJ 630、HJ 821 和排污许可证等的要求。

核算时段内污染物排放量采用式（4-1）进行计算。

$$D = \sum_{i=1}^{n} (\rho_i q_i) \times 10^{-6} \tag{4-1}$$

式中：D——核算时段内某种污染物排放量，t；

n——核算时段内废水污染物排放时间，d；

ρ_i——第 i 次监测废水时某种污染物日均排放质量浓度，mg/L；

q_i——第 i 个监测日的废水排放量，m³/d。

b. 采用手工监测数据核算。未安装自动监测系统或无有效自动监测数据时，采用执法监测、排污单位自行监测等获得的手工监测数据进行核算。监测频次、监测期间生产工况、数据有效性等须符合 HJ/T 91、HJ/T 92、HJ/T 373、HJ 630、HJ 821、排污许可证等的要求。除执法监测外，其他手工监测方式的监测时段的生产负荷应不低于本次监测与上一次监测周期内的平均生产负荷（即企业该时段内实际生产量/该时段内设计生产量），且应有生产负荷对比结果。

核算时段内废水中某种污染物排放量采用式（4-2）进行计算。

$$D = \frac{\sum_{i=1}^{n}(\rho_i \times q_i)}{n} \times d \times 10^{-6} \qquad （4-2）$$

式中：D——核算时段内废水中某种污染物排放量，t；

$\quad n$——核算时段内有效日监测数据数量，量纲一；

$\quad \rho_i$——第 i 次监测废水中某种污染物日均排放质量浓度，mg/L；

$\quad q_i$——第 i 个监测日的废水排放量，m^3/d；

$\quad d$——核算时段内污染物排放时间，d。

② 产排污系数法

a. 化学需氧量。产生量根据产污系数与产品产量，采用式（4-3）进行计算。

$$D_{COD} = cS \times 10^{-2} \qquad （4-3）$$

式中：D_{COD}——核算时段内废水中 COD 产生量，t；

$\quad c$——单位产品废水中 COD 产污系数，g/t，参见《关于发布计算环境保护税应税污染物排放量的排污系数和物料衡算方法的公告》；

$\quad S$——核算时段内产品产量（以风干浆或纸计），10^4 t。

b. 氨氮。产生量根据废水处理过程中投加量，采用式（4-4）进行计算。

$$D_{氨氮} = T \times t \times 1.21 \qquad （4-4）$$

式中：$D_{氨氮}$——核算时段内废水中氨氮产生量，t；

$\quad T$——单位产品废水中氮盐投加量，t；

$\quad t$——氮盐中含氮量，%。

2）非正常情况下污染物排放量核算

废水处理设施在非正常情况下的排水，如无法满足排放标准要求时，不应直接排入外环境，待废水处理设施恢复正常运行后方可排放。如因特殊原因造成污染治理设施未正常运行而超标排放污染物的，或偷排偷放污染物的，化学需氧量按产污系数与未正常运行时段（或偷排偷放时段）的累计排水量核算实际排放量；采用亚铵法制浆的企业氨氮按产污系数与未正常运行时段（或偷排偷放时段）的累计排水量和核算实际排放量；其余企业氨氮根据废水处理过程中的投加量核算实际排放量，计算公式见式（4-4），式中核算时段为未正常运行时段（或偷排偷放时段）。

4.2.2 环境管理合规性执法检查

4.2.2.1 自行监测落实情况检查

（1）检查内容

检查内容主要包括是否制定了监测方案，是否开展了自行监测，以及自行监测的点位、因子、频次是否符合排污许可证的要求。

1）自动监测

对自动监测落实情况的检查主要检查以下内容与排污许可证载明内容的相符性：排放口编号、监测内容、污染物名称、自动监测设施是否符合安装运行、维护等管理要求。

2）手工自行监测

对手工自行监测落实情况的检查主要检查以下内容与排污许可证载明内容的相符性：排放口编号、监测内容、污染物名称、手工监测采样方法及个数、手工监测频次。

（2）检查方法

检查方法主要为资料检查，包括自动监测、手工自行监测记录，环境管理台账，自动监测设施的比对、验收等文件。对于自动监测设施，可现场查看运行情况、药剂有效期等。

1）废水自动监控设施检查要点

① 采样及预处理单元。采样及预处理单元常见问题及检查方法见表4-3。

表4-3　采样及预处理单元常见问题及检查方法

序号	常见问题	影响	规范要求	检查方法
1	采样探头安装位置不当	①采样探头堵塞，引起数据异常波动。②所取水样不具有代表性。③人为作假，导致数据失真	①采样取水系统应尽量设在废水排放堰槽取水口头部的流路中央。②采水的前端设在下流的方向上。③测量合流排水时，在合流后充分混合的场所采水（HJ/T 353）	①观察采样探头安装位置，是否设置在废水排放堰槽头部，如巴歇尔槽应安装在收缩段上游明渠。②观察采样探头是否在取水口流路中央。③在测量合流排水时，采样探头是否在合流后充分混合处。④在采样探头上游一定距离处采样以进行比对

序号	常见问题	影响	规范要求	检查方法
2	采样管路未固定或采用软管采样	采样时,采样探头可以大范围移动,采到的水样不具有代表性,并为作假提供了条件	采样管路应采用优质的硬质 PVC 或 PPR 管材,严禁使用软管做采样管(HJ/T 353)	现场观察采样管路材质和安装情况
3	①在堰槽采样探头附近排入浓度较低的水。②采样管设置旁路,用自来水等低浓度水稀释水样	人为作假,使数据偏低	采样取水系统应保证采集有代表性的水样,并保证将水样无变质地输送至监测站房供水质自动分析仪取样分析或采样器采样保存(HJ/T 353)	①现场观察,检查采水系统管路中间是否有三通管连接。②在排放口采样比对
4	采样管路人为加装中间水槽,故意向中间水槽内注入其他水样替代实际水样	人为作假,导致数据失真	采样取水系统应保证采集有代表性的水样,并保证将水样无变质地输送至监测站房供水质自动分析仪取样分析或采样器采样保存(HJ/T 353)	①现场观察是否设置中间水槽,如仪器要求设置,则需检查水槽是否有异常水样接入。②查阅仪器说明书和验收材料,对照现场安装情况,检查是否违规设置中间水槽。③采集排放口水样和中间水槽水样进行比对监测
5	采样管路堵塞	无法正常采样,导致分析仪器报警、数据异常或缺失	①取水管应能保证水质自动分析仪所需的流量。②定期清洗水泵和过滤网(HJ/T 355)	①现场手动启动采样装置,观察流路是否通畅。②查看仪器报警记录。③查看历史数据,判断其是否缺失或异常
6	采样管路未采取防冻措施	采样管路冻裂或管路内结冰堵塞,无法采样	采样取水系统的构造应有必要的防冻和防腐设施(HJ/T 353)	现场观察是否有防冻措施

采样及预处理单元常见问题及检查方法的相关图件见图 4-2。

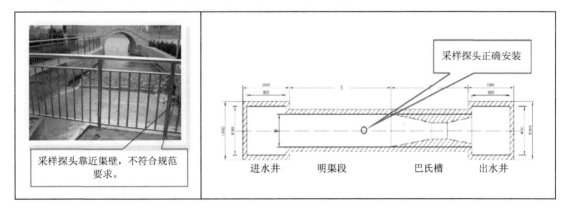

采样探头靠近渠壁,不符合规范要求。

采样探头正确安装

进水井　明渠段　巴氏槽　出水井

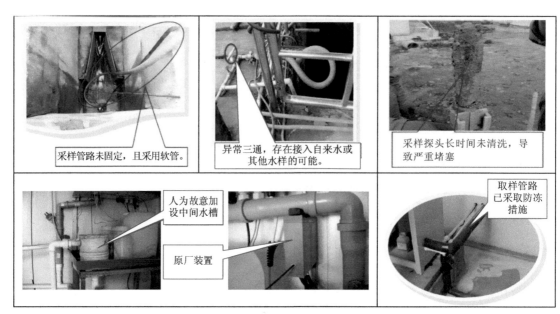

图 4-2 采样及预处理单元常见问题及检查方法的相关图件

② 化学需氧量水质自动监测仪。化学需氧量水质自动监测仪常见问题及检查方法见表 4-4。

表 4-4 化学需氧量水质自动监测仪常见问题及检查方法

序号	常见问题	影响	规范要求	检查方法
1	未定期更换试剂，导致试剂超过有效使用期或无试剂	系统无法正常工作，测量数据异常	每周 1~2 次检查仪器标准溶液和试剂是否在有效使用期内，按相关要求定期更换标准溶液和分析试剂（HJ/T 355）	①观察试剂瓶内是否有试剂。②观察试剂标签，明确试剂是否在有效期内。③观察重铬酸钾溶液与硫酸-硫酸银溶液的余量是否成比例（这两种溶液的取用量一般为1∶2左右）
2	量程校正液实际浓度与仪器设定浓度不符	这是一种常用的作假手段，对测定数据的影响分为两种情况：①如果量程校正液实际浓度低于仪器设定浓度，将使实际水样测定浓度接近等比例增高，这种情况一般在污水处理厂进口在线仪器上采用。②如果量程校正液实际浓度高于仪器设定浓度，将使实际水样测定浓度接近等比例降低，这种情况一般在排放口在线仪器上采用	定期对量程校正液进行核查，结果符合要求（HJ/T 355）	①检查仪器设置的量程校正液浓度是否与试剂实际浓度一致。②采用国家标准样品进行比对试验，相对误差应不超过±10%。③将量程校正液带回实验室分析

序号	常见问题	影响	规范要求	检查方法
3	蠕动泵管老化，未及时更换	导致取样不准确，测试结果不准确	定期更换易耗品（HJ/T 355）	①查阅运维记录，检查是否定期更换蠕动泵管（一般蠕动泵管每3个月至少需要更换一次）。②将蠕动泵管拆卸下来，观察其是否有裂纹、能否恢复原状，如拆卸后不能恢复原状，泵管表面有裂纹，则需要更换
4	①消解温度偏低。②消解时间不足	水样消解不完全，测定数据偏低	加热器加热后应在10 min内达到设定的165℃±2℃的温度（HJ/T 399）	①现场查看消解参数设置，一般消解温度不小于165℃，消解时间不小于15 min，具体参数要求参考仪器说明书。②进行实际水样比对试验，水样应满足HJ/T 355—2007标准表1的性能要求
5	消解单元漏液	消解压力、温度、试剂和样品的量均会受到影响，导致监测数据不准确	检查化学需氧量（COD_{Cr}）水质在线自动监测仪水样导管、排水导管、活塞和密封圈，必要时进行更换（HJ/T 355）	现场观察有无漏液痕迹
6	比色管未及时清洗，内壁有污染物	数据波动大或数据不变化	每月检查比色管是否污染，必要时进行清洗（HJ/T 355）	观察比色池壁是否有污渍
7	光源老化或故障	无法正常测量，导致数据异常	定期更换易耗品（HJ/T 55）	①查阅运维记录，检查是否定期更换光源（光管更换周期需参照仪器说明书）。②手动测量，观察比色单元发光管是否发光
8	量程设置不当	①量程设置过低，实际水样浓度超过量程上限时，测量数据无效。②量程设置过高，在测量实际水样浓度远低于测量量程时（如低于10%），可能导致测量误差过大，影响数据的准确性	在量程范围内，仪器性能应满足HJ/T 355—2007标准表1的性能要求	①查阅仪表历史数据，对照仪表设置的量程，观察是否经常超出量程或满量程显示。②先用接近实际废水浓度的质控样进行测定，相对误差应不大于±10%。③再用浓度接近但低于量程的质控样进行测定，相对误差也应不大于±10%
9	采用修改仪器标准曲线的斜率和截距、设定数据上下限等方式，使仪表历史数据长期在一个较小范围内波动	人为作假，数据不真实	—	①对于排放口，用浓度介于量程和排放标准之间的质控样进行测定，相对误差应不大于±10%。②对于进水口，用浓度低于日常显示数据（约为日常显示数据的50%）的质控样进行比对，相对误差应不大于±10%

序号	常见问题	影响	规范要求	检查方法
10	UV 法和 TOC 法的仪器转换系数设置不正确。	测量数据不正确	①每月现场维护时应检验 UV-COD$_{Cr}$ 或 TOC-COD$_{Cr}$ 转换曲线（系数）是否适用，必要时进行修正。②实际水样比对试验相对误差应满足 HJ/T 355—2007 标准表 1 的要求。（HJ/T 355—2007）	①检查仪器转换系数是否与经有效性审核认可的转换系数记录相符。②进行实际水样比对试验，相对误差应满足规范要求

化学需氧量水质自动监测仪常见问题及检查方法的相关图件见图 4-3。

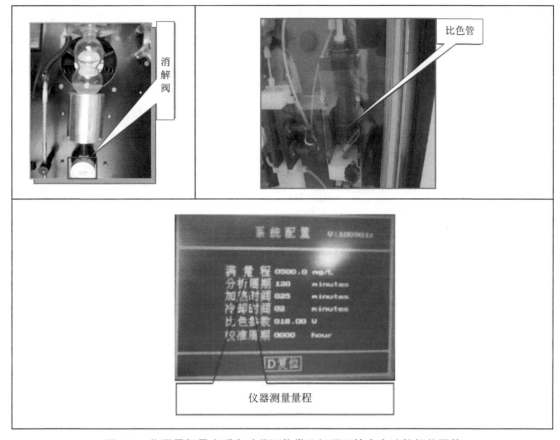

图 4-3　化学需氧量水质自动监测仪常见问题及检查方法的相关图件

③氨氮水质自动监测仪。化学需氧量水质自动监测仪的一些常见问题，在氨氮水质自动监测仪上同样存在。氨氮水质自动监测仪的一些特有问题及检查方法见表 4-5。

表 4-5　氨氮水质自动监测仪的特有问题及检查方法

序号	常见问题	影响	规范要求	检查方法
纳氏比色法氨氮分析仪				
1	比色池污染	降低测量精度	纳氏试剂易在比色池壁结垢，一般 1 个月需清洗一次，具体清洗周期可参见仪器说明书	现场观察比色池有无漏液痕迹、比色池是否清洁
气敏电极法氨氮分析仪				
2	恒温装置温度不稳定	降低测量精度	温度对气敏电极法测量精度有较大影响，因此测量时应保证恒温模块正常工作	①对照仪器使用说明书，查看恒温模块温度设置是否正确（一般温度设置为 30～40℃）。②用手触摸加热模块表面，感受加热模块是否工作

序号	常见问题	影响	规范要求	检查方法
3	电极老化	降低测量精度，严重时导致仪器无法正常工作	定期更换易耗品（HJ/T 355）	①查看维护记录，检查是否按使用说明书定期更换电极（一般电极使用寿命不超过1年，具体可参照仪器说明书）。②进行实际水样比对试验
4	电极膜污染或损坏	降低测量精度，严重时导致仪器无法正常工作	每月应检查气敏电极表面是否清洁、完整，必要时进行更换（HJ/T 355）	①观察电极膜是否变色、有污垢。②查看维护记录，检查是否按使用说明书定期更换电极膜（一般电极膜需1个月更换一次，最长不超过3个月）

氨氮水质自动监测仪的一些特有问题的相关图件见图 4-4。

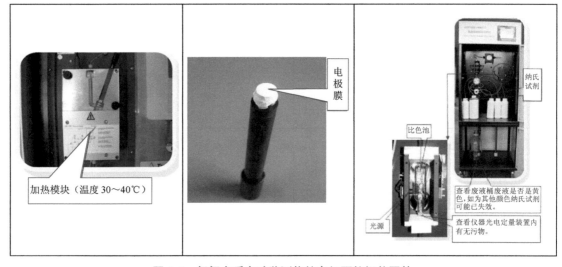

图 4-4 氨氮水质自动监测仪特有问题的相关图件

④ 流量计。流量计常见问题及检查方法见表 4-6。

表 4-6 流量计常见问题及检查方法

序号	常见问题	影响	规范要求	检查方法
1	使用超声波明渠流量计时，堰槽不规范	流量测定不准确	①堰槽上游顺直段长度应大于水面宽度的5～10倍。②堰槽下游出口无淹没流。③计量堰槽符合明渠堰槽流量计规程 JJG 711 中标明的技术要求	对照堰槽规格表，用尺子现场测量，核实是否一致

序号	常见问题	影响	规范要求	检查方法
2	使用超声波明渠流量计时，流量计安装不规范（如流量计探头未固定，可移动；探头和校正棒与液面不垂直；安装位置过高或过低）	测量数据不准确	①探头安装在计量堰槽规定的水位观测断面中心线上 ②仪器零点水位与堰槽计量零点一致 ③探头安装牢固，不易移动（JJG 711）	①现场观察流量计安装情况，应满足规范要求 ②使用直尺直接测量液位，用流量公式计算实际流量，允许误差不超过 5%
3	使用超声波明渠流量计时，流量计上传数据人为作假	流量计上传数据和实际测量数据不一致	—	采用遮挡法（用遮挡物在流量计探头正下方上下移动），观察流量计数值与数采仪是否同步变化
4	使用超声波明渠流量计时，参数设置不正确	参数设置与实际堰槽尺寸不符，会导致流量测定不准确	—	查阅参数设置，主要检查堰槽型号、喉道宽、液位 3 个参数是否和现场实际尺寸一致；此外，对于某些需要手动输入流量公式的仪器，还需检查流量公式是否正确
5	使用电磁管式流量计时，测量流体不满管	不满足电磁流量计测定要求，测定结果不准确	—	观察电磁流量计安装位置是否采取了设置 U 形管段等保证流体满管的措施

流量计常见问题及检查方法的相关图件见图 4-5。

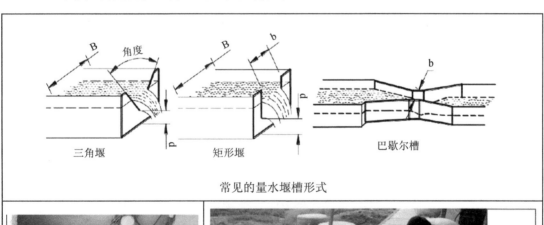

三角堰　　矩形堰　　巴歇尔槽

常见的量水堰槽形式

上游顺直段长度不足。

直接测量液位，用流量公式计算实际流量。

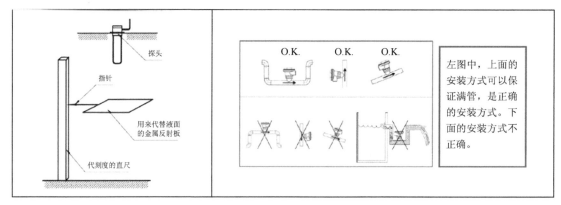

图 4-5　流量计常见问题及检查方法的相关图件

2）废气自动监控设施检查要点

① 采样及预处理单元。采样及预处理单元常见问题及检查方法见表 4-7。

表 4-7　采样及预处理单元常见问题及检查方法

序号	常见问题	影响	规范要求	检查方法
采样点位				
1	流速和颗粒物采样点位于烟道弯头、阀门、变径管处、距离弯道或前后直管段长度不足	在这些位置流场不稳定，流速和颗粒物浓度无规律剧烈波动	①应优先选择在垂直管段和烟道负压区域。②距弯头、阀门、变径管下游方向不小于 4 倍的烟道直径，以及距上述部件上游方向不小于 2 倍的烟道直径处（HJ 75）	现场观察
2	采样点设置在净烟道，但旁路烟道未安装烟气流量和烟温监测装置	旁路开启情况无法有效监控	①固定污染源烟气净化设备设置有旁路烟道时，应在旁路烟道内安装烟气流量连续计量装置（HJ 75）。②应在旁路烟道加装烟气温度和流量采样装置（环办〔2009〕8 号）	①现场观察旁路烟道是否安装了流量和烟温测量装置。②开启旁路，观察 DCS 和 CEMS 上流量和烟温变化情况，净烟道流量应下降，旁路流量应上升，旁路烟温应接近原烟气温度
3	参比方法采样孔设置在 CEMS 采样孔上游，或距离 CEMS 采样孔较远	测定结果可比性差	在烟气 CEMS 监测断面下游应预留参比方法采样孔，采样孔数目及采样平台等按《固定污染源排气中颗粒物测定与气态污染物采样方法》（GB/T 16157）的要求确定，以供参比方法测试使用；在互不影响测量的前提下，应尽可能靠近（HJ 75）	现场观察

序号	常见问题	影响	规范要求	检查方法
4	颗粒物采样孔设在气态污染物采样孔的上游	颗粒物监测时需连续吹扫，吹扫空气会使气态污染物被稀释，监测结果偏低	—	现场观察
		采样管路		
5	①采样管线未全程伴热。②采样探头加热温度或采样管线伴热温度不足	导致采样管内烟气温度低于露点，水汽结露，二氧化硫溶于水中，加大测量误差，使测定结果偏低	—	①观察采样管线，是否全程伴热。②用手触碰采样管线，感觉是否有温度异常偏低的部分。③检查采样管两端，恒功率伴热管是否预留 1 m 伴热带。④检查探头加热温度（温度显示仪表在采样探头旁或分析仪机柜内，一般加热温度不低于 160℃）。⑤检查伴热管伴热温度（温度显示仪表在分析仪机柜内，一般伴热温度不低于 120℃）
		预处理		
6	颗粒物测量仪镜片、气态污染物采样探头、皮托管探头未正常反吹	不正常反吹，将导致颗粒物测试仪镜片污染，使浓度偏大；气态污染物采样探头和皮托管探头堵塞，数据异常，严重时设备无法运行	—	①观察平台上颗粒物测量仪反吹风机叶片是否转动，听风机是否有运转的声音，用手感觉风机是否振动，判断风机是否正常运行。②观察平台上气态污染物探头和皮托管探头反吹管是否正常连接，平台上反吹气阀门是否打开。③观察监测站房内或平台上反吹气源压力表，压力一般在 0.4～0.7 MPa
7	气态污染物采样探头内滤芯、预处理机柜内滤芯长期未更换，导致滤芯失效	滤芯堵塞，导致采样流量降低，严重时设备无法运行	一般不超过 3 个月更换一次采样探头滤芯（HJ 76）	①查看气态污染物采样探头滤芯表面是否粉尘过大。②查看机柜滤芯是否变形、变色，表面有无大量粉尘
8	①冷凝器冷凝温度过高或过低 ②冷凝温度不稳定	①冷凝温度过高，导致烟气中的水分不能充分析出，分析仪表损坏。②冷凝温度过低，尤其是在低于 0℃时，可能会导致冷凝管排水口结冰，无法正常排水	—	①查看冷凝器上的显示温度，一般冷凝温度应在 3～5℃。②观察抽气泵，如果除湿不好，抽气泵就易被腐蚀

序号	常见问题	影响	规范要求	检查方法
9	①冷凝器排水蠕动泵泵管老化 ②蠕动泵损坏 ③蠕动泵泄漏	冷凝水无法正常排出，严重时导致冷凝器不能正常工作	每3个月至少检查一次气态污染物CEMS的过滤器、采样探头和管路的结灰和冷凝水情况，气体冷却部件、转换器、泵膜老化状态 （HJ 75）	①查看蠕动泵电机是否按标识方向转动，观察蠕动泵管是否有水柱顺利排出。 ②查阅运维记录，检查是否定期更换蠕动泵管（一般3个月至少需要更换一次）。 ③将蠕动泵管拆卸下来，观察其是否有裂纹、能否恢复原状，如拆卸后不能恢复原状，泵管表面有裂纹，则需要更换

采样及预处理单元常见问题及检查方法的相关图件见图 4-6。

采样点位于烟囱入口处，距离直管段
长度不足。

旁路烟道需安装烟温和流量
测量装置。

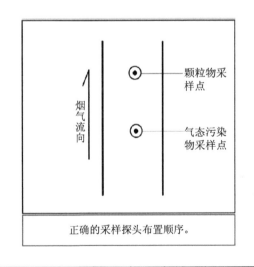

正确的采样探头布置顺序。

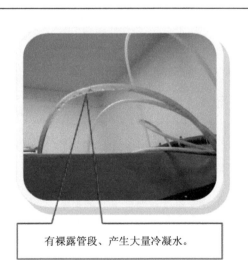

有裸露管段、产生大量冷凝水。

伴热管伴热温度不足 120℃。

探头加热温度不足 160℃。

未预留 1 m 伴热带，伴热管最后 1 m 无法加热。用手触碰此处，发现温度低，未伴热。

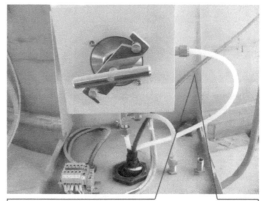

预留 1 m 伴热带，正确。

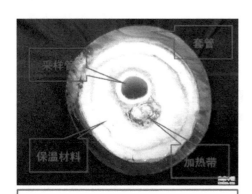

伴热管截面图

将手放在颗粒物测量仪反吹风机叶轮处，如感觉到振动，有风吹动，可判断风机在运行。

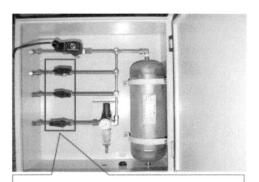

平台上反吹气柜内阀门室打开状态，正确。

反吹管正常连接，正确。

观察分析小屋内的反吹气源反吹压力是否正常。

反吹气源压力表读数在 0.4～0.7 MPa，正确。

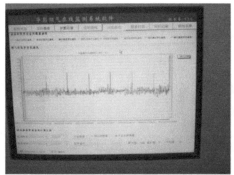

系统正常反吹：左图中，氧含量出现周期性波峰。右图中，二氧化硫含量出现周期性波谷。

采样探头内滤芯应定期更换，确保无大量
粉尘堆积。

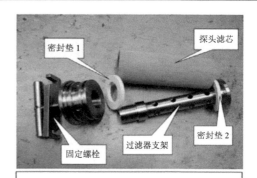

采样探头内部结构

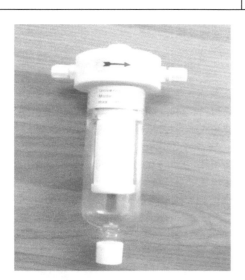

冷凝温度为 4℃，正常。

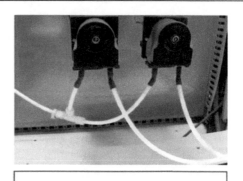

蠕动泵

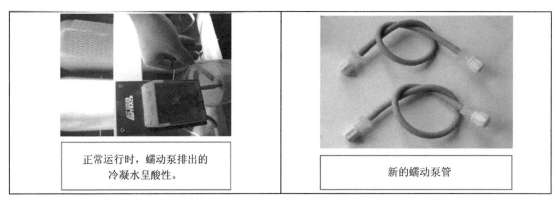

正常运行时，蠕动泵排出的冷凝水呈酸性。	新的蠕动泵管

图 4-6　采样及预处理单元常见问题及检查方法的相关图件

②分析单元。分析单元常见问题及检查方法见表 4-8。

表 4-8　分析单元常见问题及检查方法

序号	常见问题	影响	规范要求	检查方法
1	仪器未及时进行校准或校验	测量误差增大，降低仪器准确度，严重时仪器精度无法满足标准要求	对现有仪器，一般应该满足： ①零点校准：气态污染物（二氧化硫、氮氧化物和氧）24 h 校准一次；颗粒物和流速每 3 个月校准一次。 ②跨度校准：气态污染物（二氧化硫、氮氧化物和氧）15 d 校准一次；颗粒物和流速每 3 个月校准一次。 ③全系统校准：抽取式气态污染物 CEMS 每 3 个月至少进行一次全系统的校准，要求零气和标准气体与样品气体通过的路径（如采样探头、过滤器、洗涤器、调节器）一致，进行零点和跨度、线性误差和响应时间的检测。 ④定期校验：每 6 个月一次（HJ 75）	①对气态污染物，现场测定零点漂移和跨度漂移情况，应不超过±2.5%F.S.。 ②如零点漂移和跨度漂移符合要求，则用接近被测气体浓度的标准气体进行全系统检验，误差不超过±5%。 ③查看 CEMS 或 DCS 中校准和校验期间的历史数据，如未屏蔽，则应能够找到相应的浓度值；如已屏蔽，则应保持一个固定值
2	量程设置过高或过低	①量程设置过高，在测量的烟气实际浓度远低于测量量程时（如低于20%），可能导致测量误差过大，影响数据的准确性。 ②量程设置过低，烟气实际浓度超过量程上限时，测量数据无效，排放情况无法得到有效监控	—	①查阅仪表历史数据，观察污染物实际排放浓度范围。 ②通常实际排放浓度应该在量程的 20%～80%范围内。 ③如实际排放浓度低于量程的 20%，通入与实际排放浓度接近的标准气体进行测定，相对误差应不超过±5%。 ④观察历史数据中是否经常发生超出仪器量程范围的数据

序号	常见问题	影响	规范要求	检查方法
3	采用修改测量仪器标准曲线的斜率和截距、不正确设置校准系数、设定数据上下限等方式，对测定数据进行修饰	人为作假，数据不真实	—	分别用低、中、高浓度的标准气体进行全系统检验，误差不超过±5%
4	标气实际浓度与仪器设定的标气浓度不一致	①如果标气实际浓度低于仪器设定浓度，将使实际测定浓度接近等比例增高。②如果标气实际浓度高于仪器设定浓度，将使实际测定浓度接近等比例降低	—	①使用自备标准气体进行测定，相对误差应不超过±5%。②使用快速测定仪或将现场标气带回实验室测定，其浓度应与仪器设定的标气浓度一致

③ 公用工程。公用工程常见问题及检查方法见表 4-9。

表 4-9　公用工程常见问题及检查方法

序号	常见问题	影响	规范要求	检查方法
1	采样平台及爬梯不规范。如采样平台面积不足；平台高于 5 m 时设置直爬梯；采样平台和爬梯无护栏等	不便于维护和比对监测	①平台面积应不小于 1.5 m^2，并设有 1.1 m 高的护栏，采样孔距平台面为 1.2～1.3 m（GB 16157）。②当采样平台设置在离地面高度≥5 m 的位置时，应有通往平台的 Z 字梯/旋梯/升降梯，爬梯宽度应不小于 0.9 m（HJ 75）	现场观察
2	监测站房周边有高温、高尘、强电磁等干扰	影响设备正常运行，如环境温度过高，易使设备零漂、量漂变大，缩短仪器寿命；高尘环境易使设备发生漏电、短路等故障；受到强电磁干扰时，易产生数据丢包、乱码等	①不受环境光线和电磁辐射的影响（HJ 75）。②站房内应安装空调，并保证环境温度为 5～40℃，相对湿度≤85%（环发〔2008〕25 号）	现场观察，如水泥厂分析小屋应避免设置在回转窑窑尾平台，因为此处温度较高，影响分析小屋空调运行

公用工程常见问题及检查方法的相关图件见图 4-7。

直爬梯，不正确。

Z 字梯，正确。

采样平台面积过小，不便于维护和比对监测。

图 4-7　公用工程常见问题及检查方法的相关图件

4.2.2.2　环境管理台账落实情况检查

（1）检查内容

检查内容主要包括是否有环境管理台账、环境管理台账是否符合相关规范要求。

主要检查生产设施的基本信息、污染防治设施的基本信息、监测记录信息、运行管理信息和其他环境管理信息等的记录内容、记录频次和记录形式。

（2）检查方法

查阅环境管理台账，比对排污许可证要求检查台账记录的及时性、完整性和真实性。涉及专业技术的，可委托第三方技术机构对排污单位的环境管理台账记录进行审核。

4.2.2.3　执行报告落实情况检查

（1）检查内容

检查内容主要为执行报告上报频次和主要内容是否满足排污许可证要求。

（2）检查方法

通过查阅排污单位执行报告文件及上报记录进行检查。涉及专业技术领域的，可委托第三方技术机构对排污单位的执行报告内容进行审核。

4.2.2.4 信息公开落实情况检查

（1）检查内容

检查内容主要包括是否开展了信息公开，信息公开是否符合相关规范要求。主要检查信息公开的公开方式、时间节点、公开内容与排污许可证要求的相符性。

（2）检查方法

检查方法主要包括资料检查和现场检查，其中资料检查为查阅网站截图、照片或其他信息公开记录，现场检查为现场查看电子屏幕、公示栏等。

4.2.3 现场检查指南

4.2.3.1 现场检查资料准备

现场执法检查前需了解企业基本情况，并对照企业排污许可证填写企业基本信息表（表4-10），标明被检查企业的单位名称、注册地址、生产经营场所和行业类别，根据企业实际情况勾选主要生产工艺，填写生产线数量以及单条生产线的规模。

表 4-10　企业基本情况

单位名称			注册地址		
生产经营场所地址			行业类别		
主要生产工艺	硫酸盐法化学浆	□	生产线数量_____	规模_____万 t 风干浆/a	
	亚硫酸盐法化学浆	□	生产线数量_____	规模_____万 t 风干浆/a	
	化学机械浆	□	生产线数量_____	规模_____万 t 风干浆/a	
	废纸浆	□	生产线数量_____	规模_____万 t 风干浆/a	
	机制纸机纸板制造	□	生产线数量_____	规模_____万 t/a	

4.2.3.2 废水污染治理设施合规性检查

（1）废水排放口检查

对照排污许可证，核实废水实际排放口与许可排放口的一致性。检查是否有通过未经许可的排放口排放污染物的行为、废水排放口是否满足《排污口规范化整治技术要求（试行）》（国家环境保护局　环监〔1996〕470 号），填写废水排放口检查表，可参考表4-11。

表 4-11　废水排放口检查表

废水排放口				
	排污许可证排放去向	实际排放去向	是否一致	排放口规范设置	备注
废水			是□　否□	是□　否□	

（2）废水治理措施检查

以核发的排污许可证为基础，现场检查废水污染治理设施名称、工艺等与排污许可证登记事项的一致性，废水治理措施是否为可行技术，填写废水治理措施检查表，可参考表 4-12。

表 4-12　废水治理措施检查表

污染治理措施						
项目	处理工段	排污许可证措施	实际治理措施	是否一致	是否可行技术	备注
污水处理工艺	一级处理			是□　否□	是□　否□	
	二级处理			是□　否□	是□　否□	
	三级处理			是□　否□	是□　否□	

（3）污染物排放浓度与许可浓度一致性检查

1）常规因子达标情况检查

常规因子自动监测达标情况检查表见表 4-13，执法监测达标情况检查表见表 4-14，手工自行监测达标情况检查表见表 4-15。

表 4-13　常规因子自动监测达标情况检查表

监测手段	时间段	因子	达标率/%	最大值/（mg/L）	是否达标	备注
自动监测		化学需氧量			是□　否□	
		pH			是□　否□	
		采用自动监测的其他因子			是□　否□	

表 4-14　常规因子执法监测达标情况检查表

监测手段	时间段	因子	监测次数	超标次数	是否达标	备注
执法监测		pH			是□　否□	
		色度			是□　否□	
		化学需氧量			是□　否□	
		悬浮物			是□　否□	
		生化需氧量			是□　否□	
		氨氮			是□　否□	
		总氮			是□　否□	
		总磷			是□　否□	

表 4-15　常规因子手工自行监测达标情况检查表

监测手段	时间段	因子	监测次数	超标次数	是否达标	备注
手工自行监测		pH			是□　否□	
		色度			是□　否□	
		化学需氧量			是□　否□	
		悬浮物			是□　否□	
		生化需氧量			是□　否□	
		氨氮			是□　否□	
		总氮			是□　否□	
		总磷			是□　否□	

2）特征因子达标情况检查

对于采用元素氯漂白的，需对漂白车间废水排放口可吸附有机卤素（AOX）和二噁英排放情况进行监控。对于监测数据存在超标的，需在后续的执法中重点关注。元素氯漂白车间特征因子达标情况检查表见表 4-16。

表 4-16　元素氯漂白车间特征因子达标情况检查表

污染物	许可排放浓度限值	排放值	是否达标	备注
AOX/（mg/L）			是□　否□	
二噁英/（pgTEQ/L）			是□　否□	

对于采用无元素氯漂白（ECF）或全无氯漂白的制浆生产线，不再对车间或生产设施废水排放口的可吸附有机卤素（AOX）、二噁英排放情况进行监控。

（4）污染物实际排放量与许可排放量的一致性检查要点

在检查化学需氧量、氨氮的实际排放量是否满足年许可排放量要求时，可填写污染物实际排放量检查表，具体参考表 4-17。

表 4-17　水污染物实际排放量与许可排放量一致性检查表

污染物	许可排放量	实际排放量	是否满足许可要求	备注
COD_{Cr}/（t/a）			是□　否□	
NH_3-N/（t/a）			是□　否□	

4.2.3.3　环境管理执行情况合规性检查

在进行自行监测、环境管理台账、执行报告以及信息公开等环境管理执行情况检查时，可参考表 4-18～表 4-21。

表 4-18 自行监测执行情况现场检查表

序号	自行监测内容	排污许可证要求	实际执行	是否合规	备注
1	监测点位			是□ 否□	
2	监测指标			是□ 否□	
3	监测频次			是□ 否□	

表 4-19 环境管理台账记录情况执行现场检查表

序号	环境管理台账记录内容	排污许可证要求	实际执行	是否合规	备注
1	记录内容			是□ 否□	
2	记录频次			是□ 否□	
3	记录形式			是□ 否□	
4	台账保存时间			是□ 否□	

表 4-20 执行报告上报情况执行现场检查表

序号	执行报告内容	排污许可证要求	实际执行	是否合规	备注
1	上报内容			是□ 否□	
2	上报频次			是□ 否□	

表 4-21 信息公开情况执行现场检查表

序号	信息公开要求	排污许可证要求	实际执行	是否合规	备注
1	公开方式			是□ 否□	
2	时间节点			是□ 否□	
3	公开内容			是□ 否□	

4.3 支撑企业运行管理

4.3.1 废水

4.3.1.1 废水污染防治运行管理总体要求

1）废水污染治理设施应按照国家和地方规范进行设计。

2）污染治理设施运行应满足设计工况条件，并根据工艺要求，定期对设备、电气、自控仪表及构筑物进行检查维护，确保污染治理设施可靠运行。

3）做好厂内雨污分流，加强对厂区污染雨水、地面冲洗水的收集处理，避免受污染雨水和其他废水通过雨水排放口排入外环境。

4）事故或设备维修等原因造成污染治理设施停止运行时，应立即报告当地生态环境主管部门。

5）新、改、扩建排污单位环境影响评价审批（审核）意见及批复的环评文件中的其他废水运行管理要求。

4.3.1.2　常见污水处理设施运行管理要求

（1）初沉调节池

初沉调节池兼有调节水质、水量、沉淀悬浮物的功能。由于造纸废水中带有大量的悬浮物，所以初沉调节池中沉淀的污泥要定期排除（一般为 1～2 d），以免污泥长时间停留而使其腐败上浮，影响水质。

（2）中沉池

定时观察沉淀池的沉淀效果，如出水浊度、泥面高度、沉淀的悬浮物状态、水面浮泥或浮渣情况等，检查各管道附件是否正常。

观察出水挡板是否水平，出流是否均匀。如有挡板不够水平，应当适当调整，确保均匀出水。

应及时排泥，泥斗积泥太多，会发生污泥腐败上浮、反硝化等异常现象，排泥过多可能会排出污水，提高污泥含水率，影响污泥浓缩池和干化场效果。一般情况下，中沉池污泥存积时间可长一些（一般为 3～5 d）。

经常测量沉淀池的进出水的悬浮物浓度，即可知沉淀池的 SS 去除率。

（3）气浮池

气浮池的加药量要视污水水质而定，一般在 0.3～0.6 kg/t，加药后气浮中水以能看到絮状物为宜。

气浮开启前要先开启加药搅拌泵并持续 3～5 min，待搅拌均匀后，开启加药阀进行气浮处理。关闭气浮时，加药阀一并关闭，以防止气浮中的水倒流至加药罐。

气浮表面浮渣要定时清除，在气浮开启状态下，一般要 3～5 h 清除一次。清除时要先关闭出水阀门使气浮液面上升，再开启刮泥机，待浮渣清除干净后，打开排水阀，并关闭刮泥机。

定期清除气浮池的沉淀污泥，一般为半个月清除一次。在气浮停止运行并沉淀几个小时后打开气浮池底部的排泥阀，待污泥排完后再关闭。

（4）水解酸化池

调节污泥量。水解酸化池稳定运行较长时间后，就会有剩余污泥。须通过及时排泥或加大水力负荷冲去部分浮泥，或降低进水浓度让微生物进行内源呼吸、自身氧化以调节水解酸化池的存泥量。

应及时去除水解酸化池上面的漂浮物，避免塑料袋、铁丝等杂物带入池内。

应控制进入水解酸化池的进水流量，以防水力负荷过大冲击活性污泥，造成活性污泥流失。

水解酸化池表面的气泡量从一定程度上可以衡量水解酸化池的处理效果，当发现表面气泡较少时，可能是进水流量超负荷，发生污泥流失，可将中沉池污泥泵入水解酸化池和降低进水流量。

（5）SBR 池

SBR 池的运行以 12 h 为一个周期，具体时间设置为：进水 0.5 h，曝气 7.5 h，静止沉淀 2.0 h，排水 1.5～2.0 h，排泥 0～0.5 h。当进水浓度过高，出水水质明显变差时，应减少进水，适当延长曝气时间，待水质好转并稳定后再正常进水。在车间停产或存在其他原因不能正常进水的情况下，池内处理水不要外排，每天间歇曝气 6～8 h，以维持菌种存活。在长时间不能进水的情况下（一般为一周以上），还要补充一些营养物质，如尿素、面粉等。

当池内充氧不足时，污泥会发黑、发臭；当曝气池充氧过度或负荷过低时，污泥色泽会变淡。

应注意观察 SBR 池在曝气阶段时的液面翻转情况，防止出现成团气泡上升或液面翻腾很不均匀的情况。

应注意观察曝气池泡沫的变化，若泡沫量增加很多，或泡沫出现颜色变化则反映进水水质变化或运行状态发生变化。

4.3.1.3 废水污染治理技术主要工艺参数控制

（1）一级处理

一级处理技术包括过滤、沉淀和混凝，主要工艺参数见表 4-22。

表 4-22 一级处理技术主要工艺参数

序号	名称	技术参数
1	过滤	粗格栅栅缝：10～20 mm。无纤维回收，采用细格栅，栅缝：2～5 mm。有纤维回收，采用细格栅，栅缝：0.2～0.25 mm；采用筛网：60～100 目，过水能力：10～15 m³/（m²·h）
2	沉淀	初沉池表面负荷：0.8～1.2 m³/（m²·h）；水力停留时间：2.5～4.0 h
3	混凝	采用混凝沉淀池，混合区速度梯度（G）值：300～600 s^{-1}；混合时间：30～120 s；反应区 G 值：30～60 s^{-1}，反应时间：5～20 min；分离区表面负荷：1.0～1.5 m³/（m²·h），水力停留时间：2.0～3.5 h 采用混凝气浮池，气水接触时间：30～100 s；表面负荷：5～8 m³/（m²·h）；水力停留时间：20～35 min

（2）二级处理

二级处理技术包括厌氧技术和好氧技术，主要工艺参数见表 4-23 和表 4-24。

表 4-23　厌氧技术主要工艺参数

序号	名称	技术参数
1	水解酸化	pH：5.0～9.0； 容积负荷：4～8 kgCOD$_{Cr}$/（m^3·d）； 水力停留时间：3～8 h
2	UASB	污泥浓度：10～20 g/L； 容积负荷：5～8 kgCOD$_{Cr}$/（m^3·d）； 水力停留时间：12～20 h
3	EGSB（或内循环升流式厌氧反应器）	污泥浓度：20～40 g/L； 容积负荷：10～25 kgCOD$_{Cr}$/（m^3·d）； 水力停留时间：6～12 h

表 4-24　好氧技术主要工艺参数

序号	名称	技术参数
1	完全混合活性污泥法	污泥浓度：2.5～6.0 g/L； 污泥负荷：0.15～0.4 kgCOD$_{Cr}$/kgMLSS； 水力停留时间：15～30 h
2	氧化沟	污泥浓度：3.0～6.0 g/L； 污泥负荷：0.1～0.3 kgCOD$_{Cr}$/kgMLSS； 水力停留时间：18～32 h
3	A/O	污泥浓度：2.5～6.0 g/L； 污泥负荷：0.15～0.3 kgCOD$_{Cr}$/kgMLSS； 水力停留时间：15～32 h
4	SBR	污泥浓度：3.0～5.0 g/L； 污泥负荷：0.15～0.4 kgCOD$_{Cr}$/kgMLSS； 水力停留时间：8～20 h

（3）三级处理

三级处理技术主要包括混凝沉淀或气浮和高级氧化技术。高级氧化技术是通过加入氧化剂，对废水中的有机物进行氧化处理的方法，一般包括 pH 调节、氧化、中和、分离等过程，目前多采用硫酸亚铁-过氧化氢催化氧化（Fenton 氧化）的方法，氧化剂的投加比例需根据废水水质进行适当调整，反应 pH 一般为 3～4，氧化反应时间一般为 30～40 min，COD$_{Cr}$ 去除效率为 70%～90%。

4.3.2 废气

4.3.2.1 有组织排放

有组织排放要求主要针对废气处理系统的安装、运行、维护等过程。

1）废气污染治理设施应按照国家和地方规范进行设计。

2）污染治理设施应与产生废气的生产工艺设备同步运行。由于事故或设备维修等原因造成污染治理设施停止运行时，应立即报告当地生态环境主管部门。

3）污染治理设施应在满足设计工况的条件下运行，并根据工艺要求，定期对设备、电气、自控仪表及构筑物进行检查维护，确保污染治理设施可靠运行。

4）污染治理设施废气排放应符合国家和地方污染物排放标准。

5）新、改、扩建排污单位环境影响评价审批（审核）意见及批复的环评文件中的其他有组织废气运行管理要求。

4.3.2.2 无组织排放

无组织排放的运行管理要求按照 GB 14554、GB 16297 中的要求执行。

1）高浓度污水处理设施、污泥间废气经密闭收集处理后通过排气筒排放。

2）制浆及碱回收工段产生的不凝气、汽提气等的含恶臭物质，经收集后送碱回收炉等焚烧处置。

3）石灰或石灰石粉等粉状物料应采用筒仓等进行全封闭或密闭存储，采用密闭皮带、封闭通廊、管状带式输送机等方式输送；块状物料应入棚、入仓存储。石灰石卸料斗和储仓上应设置布袋除尘器或其他粉尘收集处理设施。

4）挥发性有机物排放应满足 GB 37822 的相关要求。

5）新、改、扩建排污单位环境影响评价审批（审核）意见及批复的环评文件中的其他无组织废气运行管理要求。

4.3.3 固体废物

1）排污单位产生的绿泥、白泥、污泥等固体废物应进行合规处置，处理各个环节（收集、储存及外运等）应防止二次污染。

2）固体废物储存设施应符合 GB 18597、GB 18599 的要求。

3）建立台账记录固体废物的产生量、去向及相应量。固体废物去向包括自行综合利用（如煅烧、生产碳酸钙、作为脱硫剂等）、自行处置（焚烧、填埋）、委托处理（如综合利用、焚烧、填埋等）。固体废物年产生量应不小于年自行综合利用量、自行处置量、委托处理量。委托处理应明确委托处理单位名称和资质（委托处理危险废物时）。

4）危险废物的产生、暂存、收集、运输、处置过程应满足危险废物有关法律法规和标准规范相关规定要求。危险废物转移过程应执行《危险废物转移联单管理办法》。

5）新、改、扩建排污单位环境影响评价审批（审核）意见及批复的环评文件中的其他固体废物运行管理要求。

4.3.4　土壤及地下水污染预防要求

排污单位应采取相应防治措施，防止有毒有害物质渗漏、泄漏，造成土壤和地下水污染。纳入土壤污染重点监管单位名录的排污单位，还应满足以下土壤及地下水污染预防运行管理要求：

1）严格控制有毒有害物质排放，并按年度向生态环境主管部门报告排放情况；

2）建立土壤污染隐患排查制度，保证持续有效地防止有毒有害物质渗漏、流失、扬散；

3）制定、实施自行监测方案，并将监测数据上报生态环境主管部门。

4）新、改、扩建排污单位环境影响评价审批（审核）意见及批复的环评文件中的其他土壤及地下水污染防治要求。

第二部分

电镀行业污染防治可行技术支撑排污许可管理技术手册

5　主要生产工艺及产污环节

5.1　行业概况及分类

5.1.1　行业概况

电镀是国民经济的重要基础工业的通用工序，在钢铁、机械、电子、精密仪器、兵器、航空、航天、船舶和日用品等各个领域都具有广泛的应用。我国电镀加工应用最广的是镀锌、镀铜、镀镍、镀铬。其中，镀锌占 45%～50%，镀铜、镀镍和镀铬占 30%，电子产品、首饰产品的镀铅、镀锡、镀金、镀银约占 5%，铝阳极化产品占 15%，详见图 5-1。

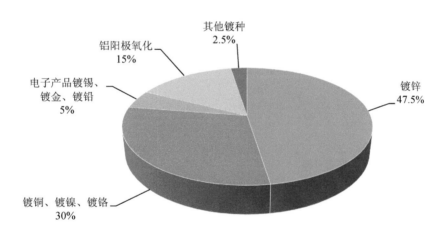

图 5-1　我国电镀镀种现状分布

5.1.2　行业分类

电镀工业排污单位指有电镀、化学镀、化学转化膜等生产工序和设施的排污单位，包括专业电镀企业和有电镀工序的企业。

5.2 主要生产工艺及产污环节

5.2.1 主要设备

典型的电镀设施主要设备见表 5-1。

表 5-1 电镀设施典型设备

序号	主要工段	主要设备
1	前处理	表面精饰滚光机
2		抛光设备
3		喷丸设备
4		喷砂设备
5		热处理设备
6		除油槽
7		除锈槽
8		酸洗槽
9		粗化槽
10		敏化槽
11		活化槽
12		中和槽
13		预浸槽
14		水洗槽
15	镀覆处理	镀槽
16		水洗槽
17	后处理	钝化槽
18		着色槽
19		封闭槽
20		出光槽
21		退镀槽
22		电解槽
23		水洗槽
24		脱水设备
25		干燥设备
26		烘干设备
27		除氢设备

5.2.2　产污环节

从镀层组成来看，电镀分为单层金属电镀和多层（复合）金属电镀。从生产工艺流程来看，电镀可分为镀前处理、电镀和镀后处理 3 个阶段。以氯化钾盐镀锌和装饰性氰化镀铜、光亮镀镍、镀铬三镀层电镀为例，典型的电镀生产工艺流程及产污环节见图 5-2。

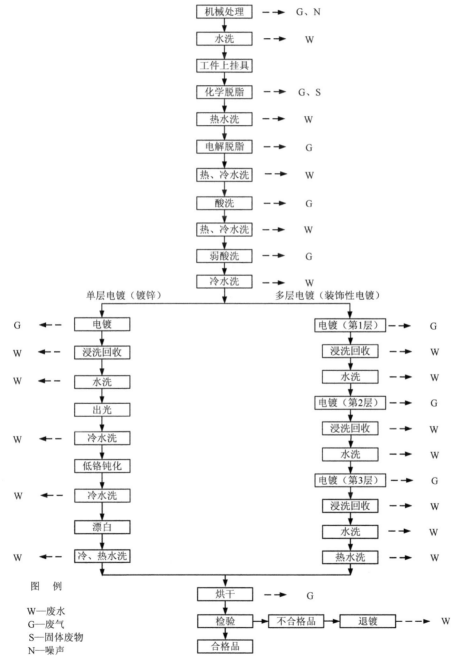

图 5-2　典型的电镀工序产污环节

电镀生产工艺流程主要包括：工件机械处理（抛光、吹砂）→空气吹扫→人工擦拭→上挂具→化学脱脂→热水洗→电解脱脂→热水洗→冷水洗→酸洗→冷水洗→弱酸洗→冷水洗（2 级）→电镀锌→回收→热水洗→冷水洗→出光→冷水洗→钝化→冷水洗→封闭→热水洗→烘干等生产过程。

（1）废水

电镀废水一般按废水所含污染物类型或重金属离子的种类分类，如酸碱废水、含氰废水、含铬废水、含重金属废水等。当废水中含有一种以上污染物时（如氰化镀镉，既有氰化物又有镉），一般仍按其中一种污染物分类；当同一镀种有几种工艺方法时，也可按不同工艺再分成小类，如焦磷酸镀铜废水、硫酸铜镀铜废水等。将不同镀种和不同污染物混合在一起的废水统称为电镀混合废水。

电镀废槽液（HW17）、青铜生产过程中浸酸工序产生的废酸液（HW34）、使用铬酸进行阳极氧化产生的废槽液（HW21）均属于危险废物，应委托有资质的危险废物经营单位处理。

电镀废水的来源、主要成分和浓度范围见表 5-2。

表 5-2　电镀废水的来源、主要成分和浓度范围

废水种类	废水来源	废水主要成分	主要污染物浓度范围	备注
酸碱废水	镀前处理、冲洗地坪	各种酸类和碱类等	酸、碱废水混合后，一般呈酸性，pH 为 3～6	—
含氰废水	氰化镀工序	氰络合金属离子、游离氰等	pH 为 8～11，总氰根离子浓度为 10～50 mg/L	该类废水有剧毒，根据《电镀废水治理工程技术规范》，须单独收集、处理
含铬废水	粗化、镀铬、钝化、化学和电化学抛光、铬酸阳极化和阳极化重铬酸钾封闭	六价铬、总铬等金属离子	pH 为 4～6，六价铬离子浓度为 10～200 mg/L	该类废水毒性大，铬属一类污染物，根据《电镀废水治理工程技术规范》，须单独收集、处理
含镉废水	无氰镀镉、氰化镀镉	镉离子、游离氰离子	pH 为 8～11，镉离子浓度≤50 mg/L，游离氰离子浓度为 10～50 mg/L	该类废水毒性大，氰化镀镉废水需单独收集破氰，总镉属一类污染物
含镍废水	镀镍、化学镀镍	镍离子、酸类	镀镍：pH 为 6 左右，镍离子浓度≤100 mg/L 化学镍：pH 取决于溶液类型，镍离子浓度≤50 mg/L	镍属一类污染物
含铜废水	酸性镀铜、化学镀铜、焦磷酸盐镀铜、氰化镀铜、镀铜锡合金、镀铜锌合金	铜离子、酸类	酸性铜：pH 为 2～3，铜离子浓度≤100 mg/L 焦磷酸铜：pH 为 7 左右，铜离子浓度≤50 mg/L	—

废水种类	废水来源	废水主要成分	主要污染物浓度范围	备注
含锌废水	碱性锌酸盐镀锌	锌离子、碱类	pH＞9，锌离子浓度≤50 mg/L	—
	钾盐镀锌	锌离子、酸类	pH 为 6 左右，锌离子浓度≤50 mg/L	—
	硫酸锌镀锌	锌离子	pH 为 6～8，锌离子浓度≤50 mg/L	—
	铵盐镀锌	锌离子络合物和添加剂	pH 为 6～9，锌离子浓度≤50 mg/L	—
含铅废水	硼酸盐镀铅、镀铅锡铜合金	铅离子、酸类	pH 为 3 左右，铅离子浓度为 150 mg/L	该类废水毒性大，总铅属一类污染物
含银废水	氰化镀银、硫代硫酸盐镀银	银离子、游离氰离子	pH 为 8～11，银离子浓度≤50 mg/L，游离氰离子浓度为 10～50 mg/L	该类废水毒性大，氰化镀银废水须单独收集破氰，总银属一类污染物
含汞废水	汞齐化处理	总汞	—	该类废水毒性大，总汞属一类污染物
重金属混合废水	电镀前处理和清洗	铜、锌、镍、三价铬等重金属离子	pH 为 4～6，铜、锌、镍、三价铬等重金属离子浓度均≤100 mg/L	—
石油类、动植物油类、表面活性剂等有机废水	工件除锈、脱脂、除蜡等电镀前处理工序	化学需氧量、悬浮物、表面活性剂、酸、碱等	—	—
综合废水（含生活污水、初期雨水）	工序镀种混排的清洗废水、难以分开收集的地面废水、生活污水、初期雨水	pH 值、悬浮物、化学需氧量、氨氮、总氮、总磷、石油类、氟化物、总氰化物、动植物油类	—	—

（2）废气

金属制件在电镀前必须进行除锈和除油。除锈使用的是酸溶液，当镀件放入盐酸或硫酸溶液中进行酸洗时，在金属氧化物（锈）被溶解的同时，表面金属也被酸蚀而析出氢气，氢气析出，加速了酸性废气的逸出。当镀件放入碱溶液中进行电化学除油时，由于电流密度较大（一般为 3～5A/dm²），工作温度较高（一般为 60～80℃），所产生的气体就更多。电化学除油时，阳极析出氧气，阴极析出氢气，从而加速了碱雾的逸出。

金属制件在电镀过程中，除了因为蒸气压的产生会有液相挥发变气相趋势以及阴、阳两个电极上除金属的沉积及金属的溶解外，还因为电流效率不是百分之百，阴极伴随有氢气的析出；同时阳极伴随有氧气的析出，当阳极发生钝化或使用不溶性阳极时，析出的氧气量更多。阴、阳两个电极反应所析出的氢气和氧气，在镀槽中积聚成气泡。由于气泡是在槽液中生成的，所以逸出时夹带有镀液的微粒，这些直径大于 0.5 mm 的气泡，在液面下会受到一定的压力。当脱离金属表面上浮时，速度较快，有一定的能量，升至液面仍继续向上冲，在气相中爆裂，形成带镀液的雾点飞散逸出。电镀"废气"的形成主要是气泡中夹带槽液微粒、气泡冲出液面时带出槽液微粒和气泡粉碎时泡沫飞散三者所致。特别是电流密度越大，温度越高，电流效率越低，电镀废气污染物就越多。

电镀过程产生的大气污染物包括颗粒物和多种无机污染废气。无机污染废气包括酸性废气、碱性废气、含铬酸雾、含氰废气等。电镀过程大气污染物及来源见表5-3。

表 5-3　电镀过程大气污染物及来源

生产单元	生产设施	废气产污环节名称	污染物种类
电镀生产线	表面精饰滚光机、抛光设备、喷丸设备、喷砂设备等	滚光、抛光、喷丸、喷砂等	颗粒物
	除油槽、除锈槽、酸洗槽、粗化槽、敏化槽、中和槽、预浸槽、活化槽、出光槽等	除油、除锈、酸洗、粗化、敏化、中和、预浸、活化、出光等	氮氧化物、氯化氢、硫酸雾、氟化物、铬酸雾
	镀铬槽	镀覆处理	铬酸雾
	有氰镀槽	镀覆处理	含氰化氢气体
	钝化槽、着色槽、封闭槽、中和槽、退镀槽等	钝化、着色、中和、退镀等	铬酸雾、碱雾、氯化氢、硫酸雾、氮氧化物

（3）固体废物

电镀过程中产生的固体废物主要为处理电镀废水的过程中产生的电镀废水处理污泥及电镀槽维护产生的"滤渣"，还有化学脱脂工序产生的少量油泥。产生的固体废物应按照相关标准做危险废物浸出测试，并采用相应的管理措施。

（4）噪声

电镀过程产生的噪声分为机械噪声和空气动力性噪声，主要噪声源包括磨光机、振光机、滚光机、空压机、水泵、超声波、电镀通风机、送风机等设备以及压缩空气吹干零件发出的噪声。噪声源强通常为 65～100 dB（A）。

6　污染治理措施

6.1　废水污染治理措施

6.1.1　废水污染治理可行技术

目前，我国处理电镀废水常用的方法有化学法、物化法、生化法。电镀工业废水污染治理可行技术路线见表 6-1。含氰废水和含六价铬废水经预处理后，仍需进入后续重金属处理系统进行处理。

表 6-1　电镀废水污染治理可行技术路线

废水类别	主要污染物	可行技术	污染物削减和排放	备注
含氰废水	氰化物	碱性氯化法处理技术	氰化物去除率>95%，总氰化物浓度（以 CN⁻计）<0.2 mg/L	适用于氰离子浓度小于 50 mg/L 时
		臭氧法处理技术	—	对进水氰离子浓度没有限制
		电解法处理技术	—	适用于氰离子浓度大于 50 mg/L 时
含六价铬废水	六价铬	化学还原法处理技术	六价铬去除率>98%，六价铬浓度<0.2 mg/L	—
		电解法处理技术	—	—
		离子交换处理技术	—	进水六价铬离子浓度不宜大于 200 mg/L
重金属废水（含镉废水、含镍废水、含铅废水、含银废水、含铜废水、含锌废水、重金属混合废水）	总镉、总镍、总铅、总银、总铜、总锌等	化学沉淀法处理技术	重金属去除率>98%	—
		离子交换处理技术	—	—
		电解处理技术	—	—
		化学法+膜分离法处理技术	水回用率大于 60%；金属回收率大于 95%	—

6.1.2　主要处理工艺

6.1.2.1　含氰废水处理

（1）碱性氯化法处理含氰废水

采用碱性氯化法处理含氰废水时，宜采用如图 6-1 所示的基本工艺流程，经验指标见表 6-2。

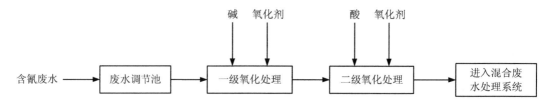

图 6-1　碱性氯化法处理含氰废水基本工艺流程

表 6-2　碱性氯化法经验指标

指标		单位	工艺参数
进水氰离子浓度		mg/L	≤50
一级破氰	氰离子与活性氯重量比（氧化剂投入量）	—	1∶3～1∶4
	pH	—	9.5～11
	氧化还原电位	mV	300～350
	反应时间	min	10～15
二级破氰	氰离子与活性氯重量比（氧化剂投入量）	—	1∶7～1∶8
	pH	—	6.5～8
	氧化还原电位	mV	600～650
温度		℃	15～50
反应后余氯量		mg/L	2～5
氰化物去除率		%	＞95

（2）臭氧化法处理含氰废水

采用臭氧氧化法处理含氰废水时，宜采用如图 6-2 所示的基本工艺流程，经验指标见表 6-3。

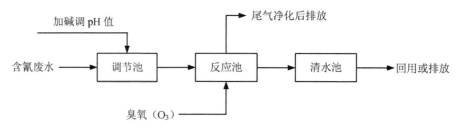

图 6-2　臭氧氧化法处理含氰废水的基本工艺流程

表 6-3　臭氧氧化法处理含氰废水经验指标

指标		单位	工艺参数
一级氧化	投量质量比 CN⁻ : O₃	—	1 : 1.85
二级氧化	投量质量比 CN⁻ : O₃	—	1 : 4.61
接触时间	去除率达 97%时	min	≥15
	去除率达 99%时	min	≥20
pH		—	9～11

（3）电解法处理含氰废水

采用电解法处理含氰废水宜采用如图 6-3 所示的基本工艺流程，经验指标见表 6-4。

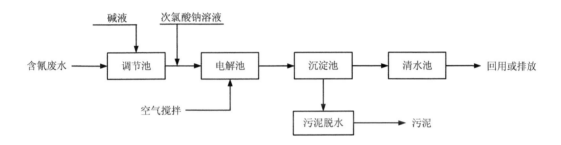

图 6-3　电解法处理含氰废水的基本工艺流程

表 6-4　电解法处理含氰废水经验指标

指标	单位	工艺参数
pH	—	9～10
氯化钠投加量	—	氰浓度的 30～60 倍
电解槽净极距	cm	20～30
阳极电流密度	A/dm²	0.3～0.5
槽电压	V	6～8.5
搅拌用空气量	m³ / (min·m³)	0.1～0.5
空气压力	Pa	(0.5～1.0) ×10⁵

6.1.2.2　六价铬废水处理

（1）亚硫酸盐化学还原法处理六价铬废水

亚硫酸盐宜选用亚硫酸氢钠、亚硫酸钠、焦亚硫酸钠等；沉淀剂宜为氢氧化钠、氢氧化钙、碳酸钙等。．

采用亚硫酸盐还原法处理含铬废水时，宜采用如图 6-4 所示的基本工艺流程，经验指标见表 6-5。

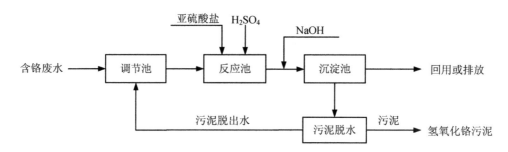

图 6-4 亚硫酸盐还原法处理含铬废水的基本工艺流程

表 6-5 亚硫酸盐还原法经验指标

指标	单位	工艺参数
进水 pH	—	2.5～3.0
氧化还原电位	mV	230～270
还原反应时间	min	20～30
六价铬去除率	%	＞98
还原后废水 pH（加碱调节）	—	7～8
沉淀反应时间	min	＞20
反应后沉淀时间	h	1.0～1.5

（2）微电解法处理含铬废水

采用微电解处理含铬废水时，宜采用如图 6-5 所示的基本工艺流程，经验指标见表 6-6。

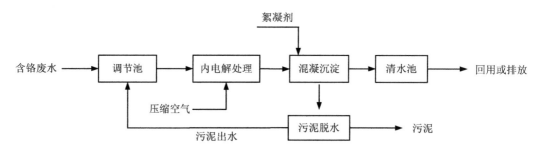

图 6-5 微电解法处理含铬废水的基本工艺流程

表 6-6 微电解法处理含铬废水经验指标

指标	单位	工艺参数
进水 pH	—	2～4
出水 pH（加碱调节）	—	8～9

（3）离子交换法处理含铬废水

采用离子交换法处理含铬废水时，宜采用如图 6-6 所示的基本工艺流程，经验指标见表 6-7。

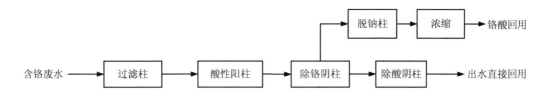

图 6-6 离子交换法处理含铬废水的基本工艺流程

表 6-7 离子交换法处理含铬废水经验指标

指标	单位	工艺参数
进水六价铬浓度	mg/L	≤200
进入阴柱废水的 pH	—	<5
阴柱清洗终点 pH	—	8～10
阳柱清洗终点 pH	—	2～3

6.1.2.3 含镉废水处理

（1）氢氧化物沉淀处理技术

采用氢氧化物沉淀技术处理含镉废水时，宜采用如图 6-7 所示的基本工艺流程，经验指标见表 6-8。可采用聚合硫酸铁为絮凝剂，聚丙烯酰胺或硫化铁为助凝剂。

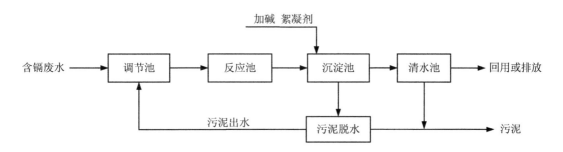

图 6-7 氢氧化物沉淀技术处理含镉废水的基本工艺流程

表 6-8 氢氧化物沉淀技术处理含镉废水经验指标

指标	单位	工艺参数
废水中镉离子浓度	mg/L	≤50
絮凝剂的投加量	mg/L	40
混合反应 pH	—	9
反应时间	min	10～15
沉淀时间	min	>30

（2）硫化物沉淀处理技术

采用硫化物沉淀技术处理含镉废水时，宜采用如图 6-8 所示的基本工艺流程，经验指标见表 6-9。

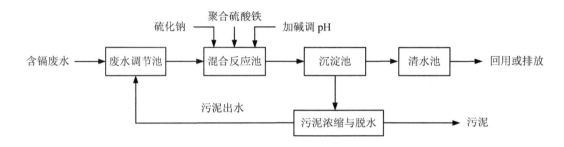

图 6-8　硫化物沉淀技术处理含镉废水的基本工艺流程

表 6-9　硫化物沉淀技术处理含镉废水经验指标

指标	单位	工艺参数
硫化钠投加量	mg/L	100
聚合硫酸铁或其他铁盐投加量	mg/L	30～40
反应 pH	—	7～9
反应时间	min	10
沉淀时间	min	30

（3）离子交换处理技术

氰化镀镉废水离子交换处理技术宜采用如图 6-9 所示的基本工艺流程；无氰镀镉废水离子交换处理技术宜采用如图 6-10 所示的基本工艺流程。进水中镉离子浓度不宜大于 100 mg/L。

图 6-9　氰化镀镉废水离子交换处理基本工艺流程

图 6-10　无氰镀镉废水离子交换处理的基本工艺流程

（4）化学沉淀-反渗透处理技术

化学沉淀-反渗透处理技术适宜于氰化镀镉槽中清洗废水的处理，基本工艺流程见图 6-11。

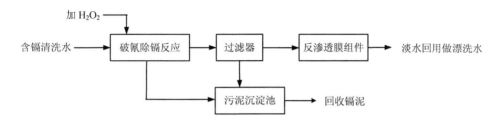

图 6-11　化学沉淀-反渗透技术处理氰化镀镉废水的基本工艺流程

6.1.2.4　含镍废水处理

（1）化学沉淀处理技术

采用化学沉淀技术处理含镍废水时，宜采用如图 6-7 所示的基本处理单元。同时，在废水中投加氢氧化钠，反应 pH 应大于 9；反应时间不宜少于 20 min，并采用机械搅拌；为加快悬浮物沉淀，可投加铁盐混凝剂。

（2）离子交换处理技术

采用离子交换技术处理镀镍清洗废水时，进水镍离子浓度不宜大于 200 mg/L。宜采用如图 6-12 所示的双阳柱全饱和的基本工艺流程。

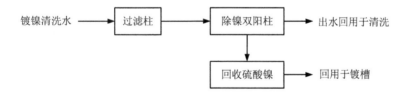

图 6-12　离子交换技术处理镀镍清洗水的基本工艺流程

（3）反渗透处理技术

采用反渗透技术处理镀镍清洗水时，宜采用如图 6-13 所示的基本工艺流程。

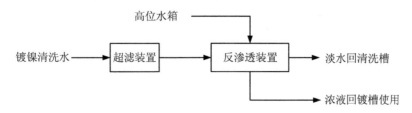

图 6-13　反渗透技术处理含镍清洗水的基本工艺流程

6.1.2.5 含铜废水处理

（1）离子交换处理技术

1）离子交换技术处理氰化镀铜和铜锡合金废水

采用离子交换技术处理氰化镀铜和铜锡合金废水时，进水中总氰离子浓度不宜大于100 mg/L。宜采用如图 6-14 所示的基本工艺流程。如废水中含钙、镁离子浓度较高，可在阴离子交换柱前增设 H 型弱酸阳离子交换柱。

图 6-14 离子交换技术处理氰化镀铜和铜锡合金废水的基本工艺流程

2）离子交换技术处理硫酸铜镀铜废水

采用离子交换技术处理硫酸铜镀铜废水时，宜采用如图 6-15 所示的双阳柱全饱和的基本工艺流程。

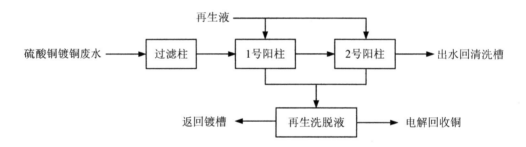

图 6-15 离子交换技术处理硫酸铜镀铜废水的基本工艺流程

3）离子交换技术处理焦磷酸铜镀铜废水

采用离子交换技术处理焦磷酸铜镀铜废水时，宜采用如图 6-16 所示的双阴柱全饱和的基本工艺流程。

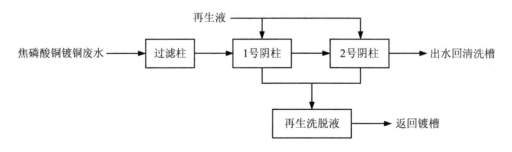

图 6-16 离子交换技术处理焦磷酸铜镀铜废水的基本工艺流程

（2）电解法处理含铜废水

采用电解法处理含铜废水并回收铜时，宜采用如图 6-17 所示基本工艺流程，并满足其技术条件和要求。

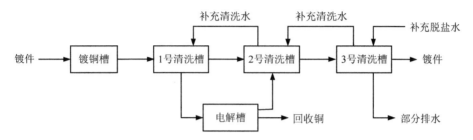

图 6-17　电解法处理镀铜废水的基本工艺流程

6.1.2.6　含锌废水处理

（1）化学沉淀处理技术

1）化学沉淀技术处理碱性锌酸盐镀锌清洗废水

采用化学沉淀技术处理碱性锌酸盐镀锌清洗废水时，宜采用如图 6-18 所示的基本工艺流程，絮凝剂宜采用碱式氯化铝，经验指标见表 6-10。

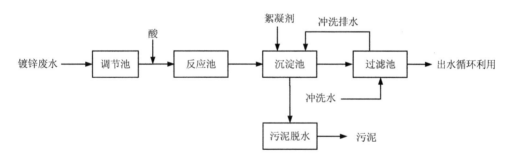

图 6-18　化学沉淀技术处理碱性锌酸盐镀锌废水的基本工艺流程

表 6-10　化学沉淀技术处理碱性锌酸盐镀锌废水经验指标

指标	单位	工艺参数
锌离子含量	mg/L	≤50
进水 pH	—	9～12
反应时间	min	5～10
絮凝剂投加量（以铝离子计）	mg/L	15

2）化学沉淀技术处理铵盐镀锌废水

采用化学沉淀技术处理铵盐镀锌废水时，宜采用如图 6-19 所示的基本工艺流程。采用石灰处理铵盐镀锌废水时，石灰宜先调制成石灰乳后投加；氧化钙投加量（质量比）宜为 $Ca^{2+} : Zn^{2+} = (3\sim4) : 1$；处理时可用石灰（按计算量）和氢氧化钠调整废水 pH 为 11～12，pH 不能超过 13。搅拌 10～20 min。

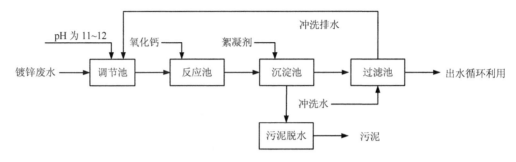

图 6-19 化学沉淀技术处理铵盐镀锌废水的基本工艺流程

（2）离子交换处理技术

采用离子交换技术处理钾盐镀锌废水时，宜采用如图 6-20 所示的双阳柱全饱和的基本工艺流程。

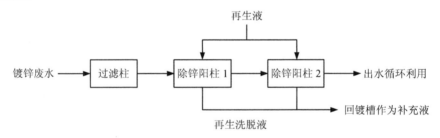

图 6-20 离子交换技术处理钾盐镀锌废水的基本工艺流程

6.1.2.7 含铅废水处理

采用磷酸盐沉淀技术处理含铅废水时，宜采用如图 6-21 所示的基本工艺流程，沉淀剂宜采用磷酸钠。

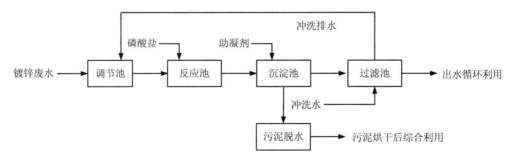

图 6-21 磷酸盐沉淀技术处理含铅废水的基本工艺流程

6.1.2.8　含银废水处理

用电解法回收银时，一级回收槽内废水中银离子浓度宜在 200～600 mg/L。用电解法处理氰化镀银废水时，可采用如图 6-22 所示的基本工艺流程。当清洗槽排水中氰离子浓度超过排放标准时，应经化学处理。

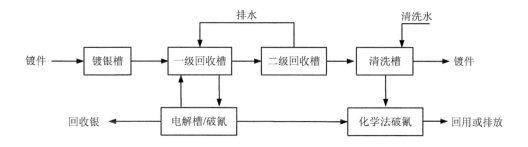

图 6-22　镀银废水处理的基本工艺流程

6.1.2.9　含氟废水处理

对含氟废水宜采用石灰-硫酸铝处理，先向废水中投加石灰乳，调节废水 pH 到 6～7.5，然后再投加硫酸铝或碱式氯化铝，其投加量与除氟效果成正比，具体投加量应通过试验确定。由于电镀工艺中使用氢氟酸量不多，所以一般不单独处理。

6.1.3　电镀混合废水处理

（1）微电解-膜分离联合处理技术

采用微电解-膜分离联合处理技术处理电镀混合废水时，宜采用如图 6-23 所示的基本工艺流程。

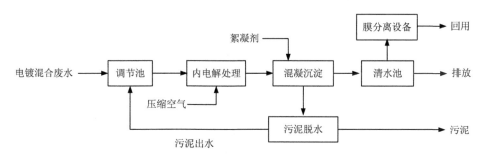

图 6-23　微电解-膜分离联合处理技术处理含铬废水的基本工艺流程

（2）凝聚沉淀处理技术

电镀混合废水中含有三价铬、铜、镍、锌、铁以及少量的铅时，宜采用硫酸亚铁作为还原剂，每种重金属离子浓度不宜超过 30~40 mg/L。废水中的悬浮物总量不宜超过 600 mg/L。

电镀混合废水中含有铬、铜、镍、锌时，处理过程中 pH 宜控制在 8~9；当有镉离子时，废水 pH 应大于或等于 10.5，同时应防止混合废水中两性金属的再溶解。

（3）生物处理技术

电镀废水中的 COD、石油类、总磷、氨氮与总氮等污染物，应采用生物处理技术使废水达标后排放。

采用生物处理技术处理电镀混合废水时，宜采用如图 6-24 所示的基本工艺流程。

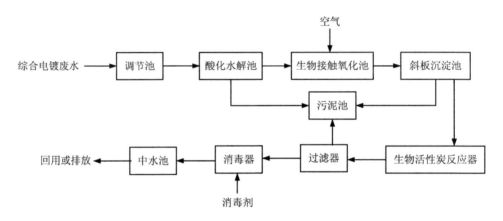

图 6-24　生物处理技术处理综合电镀废水的基本工艺流程

6.1.4　主要废水污染治理工艺设备（设施）

污水处理工艺实景情况见表 6-11。

表 6-11　污水处理工艺实景

处理设施	实景照片
格栅	

处理设施		实景照片
废水调节池		
化学/物化处理	混合反应池	
	沉淀池	
	过滤池	

6.2 废气污染治理措施

6.2.1 有组织废气污染治理措施

电镀企业有组织废气污染源主要包括前处理工序、镀覆处理工序和后处理工序，主要废气种类为酸性废气、碱性废气、含尘废气、含氰废气、含铬酸雾废气等。

废气污染治理可行技术见表 6-12。

表 6-12 电镀废气污染治理可行技术

生产单元	废气产污环节名称	污染物种类	污染治理设施名称及工艺
电镀生产线	滚光、抛光、喷丸、喷砂等	颗粒物	袋式除尘、高效湿式除尘
	除油、除锈、酸洗、粗化、敏化、中和、预浸、活化、出光等	氮氧化物、氯化氢、硫酸雾、氟化物、铬酸雾	喷淋塔中和工艺、喷淋塔凝聚回收工艺
	镀覆处理	铬酸雾	喷淋塔凝聚回收工艺
	镀覆处理	含氰化氢气体	喷淋塔吸收氧化工艺
	钝化、着色、中和、退镀等	铬酸雾、碱雾、氯化氢、硫酸雾、氮氧化物	喷淋塔中和工艺、喷淋塔凝聚回收工艺

电镀工业废气污染治理最佳可行技术及主要技术指标见表 6-13。

表 6-13 电镀工业废气污染治理最佳可行技术及主要技术指标

最佳可行技术	主要技术指标	技术适用性
喷淋塔中和法处理技术	10%的碳酸钠和氢氧化钠溶液中和硫酸废气，去除率 90%；低浓度氢氧化钠或氨水中和盐酸废气，去除率 95%；5%的碳酸钠和氢氧化钠溶液中和氢氟酸（HF）废气，去除率＞85%	各种酸性气体净化
凝聚法回收铬雾技术	铬雾回收率＞95%	铬酸雾回收
喷淋塔吸收法处理技术	采用次氯酸钠水溶液作吸收液时，应用氢氧化钠调节吸收液 pH 至弱碱性状态，净化效率＞90%；采用硫酸亚铁溶液作吸收液时，将 0.1%～0.2%的硫酸亚铁水溶液送入喷淋塔，吸收 3～4 s，净化效率达 96%	氰化物废气处理
袋式除尘法净化技术	除尘效率可达 95%以上，排放浓度＜40 mg/m³	粉尘治理
湿式除尘法处理技术	除尘效率可达 95%，排放浓度＜50 mg/m³	粉尘治理

处理工艺如下：

（1）喷淋塔电镀废气治理技术

喷淋塔电镀废气治理技术主要包括中和法治理酸性废气技术、凝聚回收法治理铬酸雾废气技术、吸收氧化法治理氰化物废气技术等。喷淋设施实景情况见表 6-14。

（2）除尘措施

除尘措施主要包括使用静电除尘器、布袋除尘器以及两者结合的电袋除尘器。除尘器实景情况见表 6-14。

表 6-14 废气处理设施设备实景

类别	设备类型	实景图片
喷淋设施	喷淋塔	

类别	设备类型	实景图片
除尘设施	布袋除尘器	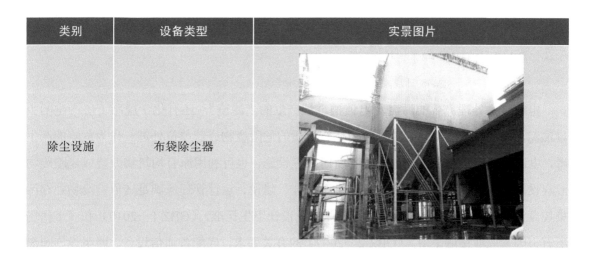

6.2.2　无组织废气污染治理措施

电镀工业排污单位应采取措施，减少"跑冒滴漏"和无组织排放。对于镀槽敞口挥发的酸性和碱性废气应采取抑制措施，并通过抽风收集处理后，经排气筒排放。

6.3　噪声污染治理措施

电镀工艺产生的噪声分为机械噪声和空气动力性噪声，主要噪声源来自磨光机、振光机、滚光机、空压机、水泵、超声波、电镀通风机、送风机等设备以及压缩空气吹干零件发出的噪声。噪声源强通常为 65～100 dB（A）。

电镀企业主要的可行降噪措施包括：对由振动、摩擦和撞击等引起的机械噪声，通常采取减振、隔声措施，如对设备加装减振垫、隔声罩等，也可将某些设备传统的硬件连接改为软件连接；车间内可采取吸声和隔声等降噪措施；对于空气动力性噪声，通常采取安装消声器等措施。

电镀企业常见隔声降噪措施见表 6-15。

表 6-15　主要噪声源常见隔声降噪措施参照

序号	噪声源	隔声降噪措施	降噪水平
1	设备噪声	厂房隔声	降噪量 20 dB（A）左右
		隔声罩	降噪量 20 dB（A）左右
		减振	降噪量 10 dB（A）左右
2	高压排汽噪声	消声器	消声量 30 dB（A）左右
3	风机噪声	消声器	消声量 25 dB（A）左右
4	泵类噪声	隔声罩	降噪量 20 dB（A）左右

6.4 固体废物综合利用措施

电镀废水处理产生的污泥及电镀槽维护产生的"滤渣"，还有化学脱脂工序产生的少量油泥，均属于危险废物名录，应委托有资质的危险废物经营单位处理。作为危险的产生者，电镀企业应建造专用的危险废物暂时贮存设施，也可利用原有构筑物改建成危险废物贮存设施。用于暂时贮存的设施的选址、设计、建设、运行管理应满足《危险废物贮存污染控制标准》（GB 18597—2001）、《工业企业设计卫生标准》（GBZ 1—2010）和《工作场所有害因素职业接触限值》（GBZ 2—2007）的有关要求，应配备通信设备、照明设施和消防设施。

危险废物贮存设施应根据贮存的废物种类和特性，按照《危险废物贮存污染控制标准》（GB 18597—2001）附录 A 设置标志。贮存危险废物时应按危险废物的种类和特性进行分区贮存，每个贮存区域之间宜设置挡墙间隔，并应设置防雨、防火、防雷、防扬尘装置。贮存期限应符合《中华人民共和国固体废物污染环境防治法》的有关规定。

应建立危险废物贮存的台账制度，危险废物出入库交接记录内容应参照《危险废物收集 贮存 运输技术规范》（HJ 2025—2012）附录 C 执行。建议采用双钥匙封闭式管理模式，且设置专人进行 24 h 看管。

6.5 电镀工业污染防治最佳可行技术组合

按整体性原则，从设计时段的源头污染预防到生产时段的污染防治，依据生产工序的产污环节和技术经济适宜性，确定最佳可行技术组合。

电镀工业污染防治最佳可行技术组合见图 6-25。

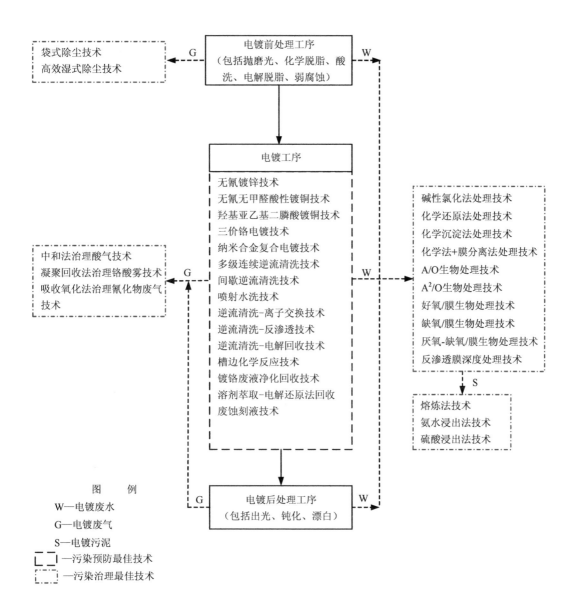

图 6-25 电镀工业污染防治最佳可行技术组合

7 电镀行业排污许可证内容及 BAT

7.1 基本信息

排污许可证副本中应载明以下基本信息：

1）排污单位名称、注册地址、法定代表人或者主要负责人、技术负责人、生产经营场所地址、行业类别、统一社会信用代码等排污单位基本信息。

填报行业类别时，专业电镀企业应填报"金属表面处理与热处理加工"；有电镀工序的企业应填报其主行业类别；专门处理电镀废水的集中式污水处理厂应填报"金属表面处理与热处理加工"。

2）排污许可证有效期限、发证机关、发证日期、证书编号和二维码等基本信息。

7.2 登记事项

排污许可证副本中记录以下登记事项：

1）主要生产设施、主要产品及产能、主要原辅材料等；

2）产排污环节、污染防治设施等；

3）环境影响评价审批意见、依法分解落实到本单位的重点污染物排放总量控制指标、排污权有偿使用和交易记录等。

具体信息如下：

1）主要产品及产能信息表主要登记了电镀企业的主要生产单元名称、主要工艺名称、生产设施名称、生产设施编号、设施参数、产品名称、生产能力、计量单位、设计年生产时间等。

主要原辅材料及燃料信息表主要登记了原辅材料及燃料种类、名称、年设计使用量、硫元素占比和有毒有害成分等。

2）废气产排污节点、污染物及污染治理设施信息表登记了电镀企业生产设施编号、生产设施名称、对应产污环节名称、污染物种类、排放形式、污染治理设施编号、污染治理设施名称、污染治理设施工艺、是否为可行技术、污染治理设施其他信息、有组织排放口编号、排放口设置是否符合要求、排放口类型及其他信息等。其中，生产设施编号、生产设施名称与主要产品及产能表中生产设施编号、生产设施名称一一对应。

废水类别、污染物及污染治理设施信息表登记了电镀企业废水类别、污染物种类、排放去向、排放规律、污染治理设施编号、污染治理设施名称、污染治理设施工艺、是否为可行技术、污染治理设施其他信息、排放口编号、排放口设置是否符合要求、排放口类型及其他信息。

3）若电镀企业发生排污权交易，排污许可证则需要载明排污权使用和交易信息；若未发生交易，无须载明。

7.3 许可事项

排污许可证副本中规定以下许可事项：

1）排放口位置和数量、污染物排放方式和排放去向等，大气污染物无组织排放源的位置和数量；

2）排放口和无组织排放源排放污染物的种类、许可排放浓度和许可排放量；

3）取得排污许可证后应当遵守的环境管理要求；

4）法律法规规定的其他许可事项。

进行排污许可证执法检查时，重点检查排污许可证规定的许可事项的实施情况。通过执法监测、检查台账记录和自动监测数据以及其他监控手段，核实排污数据和执行报告的真实性，判定是否符合许可排放浓度和许可排放量，检查环境管理要求落实情况。

7.3.1 许可排放口

（1）大气排放口

以表格形式给出了排放口编号、污染物种类、排污口地理坐标（经度、纬度）、排气筒高度、排气筒出口内径及其他信息。

（2）废水排放口

废水直接排放口基本情况表给出了排放口编号、排污口地理坐标（经度、纬度）、排放去向、排放规律、间歇排放时段、受纳自然水体信息（名称、功能目标）、汇入受纳自然水体处地理坐标（经度、纬度）及其他信息。

废水间歇排放口基本情况表给出了排放口编号、排放口地理坐标（经度、纬度）、排放去向、排放规律、间歇排放时段、受纳污水处理厂信息（名称、污染物种类、国家或地方污染物排放标准浓度限值）。

7.3.2 排放许可限值

（1）废气

大气污染物有组织排放表中给出了各排放口各种污染物许可的排放浓度限值、许可排放速率限值、分五年的许可年排放量限值、承诺更加严格的排放浓度限值；颗粒物、二氧化硫、氮氧化物、全厂有组织排放总计；主要排放口备注信息、一般排放口备注信息及全厂有组织排放总计备注信息。

特殊情况下大气污染物有组织排放表给出了环境质量限期达标规划要求下主要排放口、一般排放口、无组织排放、全厂合计的颗粒物、二氧化硫、氮氧化物的许可排放时段、许可排放浓度限值、许可日排放量限值、许可月排放量限值；重污染天气应对要求下主要排放口、一般排放口、无组织排放、全厂合计的颗粒物、二氧化硫、氮氧化物的许可排放时段、许可排放浓度限值、许可日排放量限值、许可月排放量限值；冬季污染防治其他备注信息和其他特殊情况备注信息等。

大气污染物无组织排放表给出了无组织排放编号、产污环节、污染物种类、主要污染防治措施、国家或地方污染物排放标准的名称及浓度限值、分五年的年许可排放量限值、申请特殊时段许可排放量限值等。

（2）废水

水污染物排放表分为主要排放口、一般排放口、设施或车间废水排放口，给出了排放口编号、污染物种类、许可排放浓度限值、主要排放口分五年的许可年排放限值，以及主要排放口、一般排放口、设施或车间废水排放口和全厂排放口的备注信息。

特殊情况下水污染物排放表给出了环境质量限期达标规划等对排污单位有更加严格的排放控制要求的情况下的排污口编号、许可排放时段、许可排放浓度限值、许可排放量限值以及其他信息。

7.3.3 排放总许可量

（1）大气污染物许可排放量

排污单位分年度明确了颗粒物、二氧化硫、氮氧化物的年许可排放量。

（2）水污染物许可排放量

排污单位明确废水在车间或生产设施排放口的总铬、六价铬、总镍、总镉、总银、总铅、总汞的年许可排放量；在总排放口确定总铜、总锌、化学需氧量、氨氮等其他污染因子年许可排放量。

7.3.4　环境管理要求

（1）自行监测

自行监测及记录表针对污染源类别（废气、废水）对各个排放口（对应排污口编号）的监测内容、污染物名称、监测设施、自动监测是否联网、自动监测仪器名称、自动监测设施安装位置、自动监测设施是否符合安装运行和维护等管理要求、手工监测采样方法及个数、手工监测频次、手工测定方法及其他信息进行了规定。

（2）环境管理台账记录

环境管理台账记录表规定了设施类别、操作参数、记录内容、记录频次、记录形式及其他信息。

（3）执行（守法）报告

执行（守法）报告信息表规定了执行（守法）报告的主要内容、上报频次及其他信息。

（4）信息公开

信息公开表对电镀企业信息公开方式、时间节点、公开内容和公开信息进行了规定。

7.4　电镀工艺过程污染预防技术

7.4.1　有毒原辅材料替代技术

（1）无氰镀锌技术

无氰镀锌技术是以氯化物或碱性锌酸盐替代氰化物的镀锌技术。该技术由于不使用氰化物，所以电镀过程不产生含氰污染物。氯化物镀锌技术已经广泛应用于电镀锌工艺。

（2）羟基亚乙基二膦酸镀铜技术

羟基亚乙基二膦酸（HEDP）镀铜技术是在碱性（pH 为 9～10）条件下，在铜、铁工件上电镀铜，镀液成分简单、分散能力好，镀层细密、半光亮，结合力良好。加入特种添加剂，电流密度扩大至 $3A/dm^2$，可提高整平性能。该技术深镀能力较好，要求工件表面无油污，无盐酸活化后酸性残留液。该技术适用于钢铁、铜基质工件装饰性镀铜工艺。

（3）亚硫酸盐镀金技术

亚硫酸盐镀金技术是以亚硫酸盐镀金液替代氰化物的镀金工艺。该技术电流效率高，镀层细致光亮，沉积速度快，孔隙少，镀层与镍、铜、银等金属结合力好，镀液中如果加入铜盐或钯盐，硬度可达到 350HV；但镀液稳定性不如含氰镀液，且硬金耐磨性差，接触电阻变化较大。阳极不溶解，需经常补加溶液中的金。该技术适用于装饰性电镀金工艺。

（4）三价铬电镀技术

三价铬电镀技术采用了氨基己酸体系和尿素体系镀液，镀层质量、沉积速度、耐腐蚀性、硬度和耐磨性等都与六价铬镀层相似，且工艺稳定，电流效率高，节省能源，同时还具有微孔或微裂纹等特点；但铬层颜色与六价铬有差别，且镀层增厚困难，还不能取代功能性镀铬。三价铬镀液毒性小，可有效防治六价铬污染，对环境和操作人员的危害比较小。该技术适用于装饰性电镀铬工艺。

（5）纳米合金复合电镀技术

纳米合金复合电镀技术是通过电沉积的方法，在镍-钨、镍-钴等合金镀液中添加经过特殊制备、分散的纳米铝粉材料，合金与纳米材料共同沉积于钢铁基件，生成纳米合金复合镀层。纳米合金复合镀层的耐腐蚀性能、耐烧蚀性能、耐磨性能等综合指标均超过硬铬镀层，且可全部自动化控制。该技术不使用含铬化工原料，因此无重金属铬排放。该技术电流效率达 80%，材料利用率大于 95%，但原材料成本高于硬铬电镀约 20%。该技术适用于替代功能性电镀铬工艺。

（6）无镉电镀技术

无镉电镀技术是以锌镍合金镀层部分替代镀镉的工艺。锌镍合金镀层的防护性能优良，具有高耐磨性，且无重金属镉的排放；但仍需进行适当的钝化处理，否则表面容易氧化和腐蚀，破坏镀层的外观和使用性能。该技术适用于汽车部件的部分替代电镀镉工艺。

7.4.2 电镀清洗水减量化技术

（1）多级逆流清洗技术

多级逆流清洗技术是由若干级清洗槽串联组成清洗自动线，从末级槽进水，第一级槽排出清洗废水，其水流方向与镀件清洗移动方向相反。

该技术可大大减少镀件清洗的用水量，并减少化学品的用量；但该技术需要更多的空间，且总投资增加（增加槽、工件传输设备和控制设备）。

该技术适用于挂镀、滚镀自动化生产工艺，不适用于钢卷及体积大于清洗槽的大型镀件电镀。

（2）间歇逆流清洗技术

间歇逆流清洗技术也称清洗废水全翻槽技术。当末级清洗槽里的镀液（或某离子）含量高于该镀件清洗水的标准含量时，对电镀清洗槽逐级向前更换一次清洗水（全翻槽），即把第一清洗槽清洗液全部注入备用槽，把第二清洗槽清洗液全部注入第一清洗槽，以此类推，在最后一个空槽中加满水，就可继续电镀一个翻槽周期。该技术节水率大于90%；与传统清洗工艺相比，金属回收利用率明显提高，可有效防止电镀污染。该技术适用于单一镀种的电镀工艺。

（3）喷射水洗技术

喷射水洗技术分为喷淋水洗和喷雾水洗。喷淋水洗是通过水泵使水经喷管、喷嘴、喷孔等喷淋装置进行清洗；喷雾水洗是采用压缩空气的气流使水雾化，通过喷嘴形成汽水雾冲洗镀件。工件可集中到 2～3 处进行冲洗；清洗水经收集和针对性处理后循环利用。该技术由于喷嘴可调到任意需要的角度，可提高冲洗效率，对品种单一、批量较大的镀件有一定的优越性；但对于复杂工件的水洗效果较差。该技术适用于自动或半自动电镀生产线，需与生产线动作协调控制。

（4）废水的分质分级利用技术

电镀生产线上的用水点很多，不同的用水点有不同的水质标准。根据不同用水要求分级使用废水，实现分质用水，一水多用。该技术具有投入少、运行成本低、操作简单等特点，可获得约30%的节水效果。该技术适用于绝大多数电镀企业。

7.4.3　清洗废水槽边回收技术

（1）逆流清洗-离子交换技术

逆流清洗-离子交换技术是在逆流清洗的基础上，应用离子交换树脂（或纤维）将第一级清洗废水分离处理，处理后的清水回用于镀槽，补充镀液的损耗。树脂再生过程中回收贵重金属。该技术比一般的并联清洗系统省水，可减少废水的排放，且各槽间水是以重力方式连续逆流补给的，不需要动力提升。连续逆流清洗适用于生产批量大、用水量较大的连续生产车间；间歇逆流清洗适用于间歇、小批量生产的电镀车间。该技术适用于镀镍等电镀贵重金属生产线。

（2）逆流清洗-离子交换-蒸发浓缩技术

逆流清洗-离子交换-蒸发浓缩技术通过蒸发浓缩装置将经过阳离子交换柱分离的第一级清洗槽液蒸发浓缩，浓缩液补充回镀槽，蒸馏水返回末级清洗槽循环使用。

该技术可有效回收水及镀液，操作简单，且可以减少废水和镀液的排放；但蒸发浓缩要消耗能量，离子交换树脂（纤维）饱和后须进行再生处理。

该技术适用于用水量较大的电镀生产线的贵重金属回收。

（3）逆流清洗-反渗透薄膜分离技术

逆流清洗-反渗透薄膜分离技术是在逆流清洗的基础上，应用反渗透系统将第一级清洗水过滤分离，浓缩液返回镀槽，淡水用于末级清洗槽循环使用。

该技术不消耗化学药品，不产生废渣，无相变过程，操作简便、可自动化、可靠性高、无二次污染。但设备投资较高，能耗较高。

该技术适用于电镀镍等贵重金属清洗废水的在线回收利用。

（4）槽边电解回收技术

槽边电解回收技术是将回收槽的溶液引入电解槽，经电解回收后返回回收槽。当处理含铜废水时，电解槽采用无隔膜、单极性平板电极，直流电源。电解槽的阳极材料为不溶性材质，阴极材料为不锈钢板或铜板；在直流电场的作用下，铜离子沉积于阴极。铜回收率可达到90%以上。

当处理含银废水时，采用无隔膜、单极性平板电极电解槽或同心双筒电极旋流式电解槽，直流或脉冲电源。该技术适用于酸性镀铜、氰化镀铜、氰化镀银等工艺。

（5）槽边化学反应技术

槽边化学反应技术是在镀液槽后面设置一台化学反应槽和一台清洗水槽。镀件进入化学反应槽时，带出液在化学反应槽中发生反应（如氧化、还原、中和、沉淀等），转变成无污染的物质。镀件进入清水槽时，已基本无污染物质，清洗水可以循环利用。

化学反应槽中含有大量的化学药品，可保证每一次都能实现完全的化学反应，回收化学反应槽沉淀的重金属盐。

该技术适用于六价铬镀铬等工艺。

（6）废镀铬液回收利用技术

废镀铬液回收利用技术采用高强度、选择性阳离子交换树脂处理带出的镀铬液和受到金属污染的废镀铬液，当溶液中铬酐浓度低于 150 g/L 时，使用树脂消除其中的铜、锌、镍、铁等金属杂质，再经过蒸发浓缩，即可全部回用于镀铬槽。该技术可大量节省材料，镀铬液及其废液中铬酸回用率大于95%。

该技术适用于传统的镀铬工艺生产线改造和新建电镀铬生产线。

（7）溶剂萃取-电解还原法回收废蚀刻液技术

溶剂萃取-电解还原法回收废蚀刻液技术是使用萃取剂将废蚀刻液中的铜取出，使废蚀刻液分成油、水两相；铜进入萃取剂成为富铜油相，已不含铜的废蚀刻液成为水相。水相只需补充氨水即可恢复蚀刻功能，成为再生蚀刻液，循环使用。

该技术的特点是在回收利用废蚀刻液的同时，还可全部回收利用电解液、萃取剂和油相清洗水。该技术适用于废蚀刻液的再生利用。

7.5 水污染治理技术

7.5.1 化学法处理技术

（1）碱性氯化法处理技术

废水中含有氰化物时，将废水调控在碱性（pH 为 9.5～11）条件下，加入适量的氧化剂氧化废水中的氰化物，消除氰的毒性。经过两次破氰，氰化物被完全氧化。氧化剂多采用次氯酸钠、二氧化氯、液氯等。

该技术具有稳定、可靠、易于实现自动控制等特点。

该技术适用于电镀企业含氰废水的处理。

（2）化学还原法处理技术

化学还原法是在酸性（pH 为 2.5～3.0）条件下，加入一定量的还原剂（如亚硫酸氢钠）将废水中的六价铬还原成低毒的三价铬，再调节 pH 至 8～9.5，使铬以氢氧化铬的形态沉淀去除。该技术可消除含铬废水的毒性，具有稳定、可靠、易于实现自动控制等特点。该技术适用于电镀企业含铬废水的处理。

（3）化学沉淀法处理技术

化学沉淀法处理技术是通过向废水中投加化学药剂，使其与水中的某些溶解物质产生反应，生成难溶于水的盐类沉淀，从而将污染物分离去除的方法。常用的化学药剂有氢氧化钠和硫化钠等。各种金属氢氧化物或硫化物沉淀的 pH 不同，选取各自的最佳沉淀的 pH 范围才能取得最佳沉淀效果。

该技术处理效果好，但是工艺流程较长、控制复杂、污泥量大。

该技术适用于电镀企业重金属废水和混合废水的处理。

（4）臭氧法处理技术

臭氧法处理技术是利用臭氧的强氧化性能，在碱性（pH 为 9～11）条件下，将含氰废水中的游离氰根氧化为二氧化碳和氮气，氧化接触时间为 15～20 min，游离氰根去除率达97%～99%。投加亚铜离子催化剂，可缩短反应时间。反应池尾气须收集并经碱液吸收后排放。

技术处理含氰废水时，实际投药量通常要比理论值大，设备复杂且较难控制。

该技术适用于含氰废水的处理。

7.5.2 物化法处理技术

（1）化学法+膜分离法处理技术

含氰废水经化学破氰、含铬废水经化学还原后与其他重金属废水混合，在碱性状态下，形成金属氢氧化物沉淀，再采用膜分离技术截留沉淀并收集重金属。

微滤/超滤膜作为固液分离的介质，可回收含重金属固体物 90%以上；水回收率大于60%。该技术省去沉淀池和污泥池，占地少，节省工程总投资；具有污泥量少、运行费用低等特点。

该技术适用于电镀企业重金属废水和混合废水的处理。

（2）电解法处理技术

电解法处理技术是应用电化学原理对废水中的污染物进行处理的方法。当处理含氰废水时，调节进水 pH 至 9～10，按氰浓度的 30～60 倍投加氯化钠，在直流电场的作用下，游离氰根被氧化分解。

当处理含铬废水时，控制进水 pH 至 2～4，微电解装置出水 pH 至 8～9。该技术使用铁屑作为电解池中的填料。铁屑极易氧化、板结，影响处理效果。

该技术适用于电镀企业含氰废水、含铬废水、含银废水的处理。

7.5.3 生化法处理技术

（1）缺氧/好氧（A/O）生物处理技术

废水在调节池内通过曝气搅拌均匀水质，兼有初曝气作用，然后依次进入缺氧池和好氧池，利用活性污泥中的微生物降解废水中的有机污染物。通常缺氧池采用水解酸化工艺，好氧池采用接触氧化工艺。当进水 COD 浓度低于 500 mg/L 时，COD 去除率大于 80%；出水 COD 浓度低于 100 mg/L。该技术可有效去除有机物。但缺氧池抗冲击负荷能力较差。

（2）厌氧-缺氧/好氧（A^2/O）生物处理技术

A^2/O 工艺是在 A/O 工艺中缺氧池前增加一个厌氧池，利用厌氧微生物先将复杂的长链大分子有机物降解为小分子，提高废水的可生物降解性，利于后续生物处理。

当进水 COD 浓度低于 500 mg/L、氨氮浓度低于 50 mg/L 时，COD 去除率达 80%～90%，氨氮去除率达 80%～90%；出水 COD 浓度为 50～100 mg/L，氨氮浓度为 5～10 mg/L。

该技术可有效去除 COD、氨氮等污染物；比 A/O 工艺占地面积稍大，工艺流程稍长。

（3）好氧膜生物处理技术

好氧膜生物处理技术是将活性污泥法与膜分离技术相结合，利用膜高效截留的特性，控制生物反应池内污泥浓度至 3 000～6 000 mg/L，污水经过好氧生物反应池降解，可以充分地氧化有机物，膜分离代替二沉池，可以得到高品质出水。

当进水 COD 浓度低于 500 mg/L、氨氮浓度低于 50 mg/L、总磷浓度低于 5 mg/L 时，COD 去除率达 90%～95%，氨氮去除率达 85%～90%，总磷去除率达 70%～75%；出水 COD 浓度为 50～75 mg/L，氨氮浓度为 5～7.5 mg/L，总磷浓度为 1.25～1.5 mg/L。

该技术可有效去除 COD、氨氮等有机污染物；但总磷去除效果较差，运行费用较高。

（4）缺氧（或兼氧）膜生物处理技术

缺氧膜生物处理技术是使污水不断经受缺氧生物和好氧生物的交替氧化，从而充分地降解有机污染物。膜生物反应池处于缺氧状态，控制溶解氧浓度至 0.2～0.5 mg/L，膜箱内处于好氧状态，控制溶解氧浓度不低于 2.0 mg/L。生物反应池内污泥浓度为 8 000～12 000 mg/L，在曝气的搅动下，池内形成旋流，可以实现高效微生物定向富集培养，增强污泥活性。

与好氧膜生物处理技术相比，该技术湿污泥减量在 95% 以上，容积负荷可以提高一倍以上。当进水 COD 浓度低于 500 mg/L、氨氮浓度低于 50 mg/L、总磷浓度低于 5 mg/L 时，COD 去除率达 93%～95%，氨氮去除率达 90%～95%，总磷去除率达 90%～95%；出水 COD 浓度为 25～35 mg/L，氨氮浓度为 2.5～5.0 mg/L，总磷浓度小于 0.5 mg/L。

该技术可有效去除 COD、氨氮、总磷等污染物。

（5）厌氧-缺氧（或兼氧）膜生物处理技术

在缺氧膜生物反应池前增加厌氧池，厌氧池采用水解酸化工艺，生物反应池内污泥浓度为 10 000～15 000 mg/L，污泥回流为 100%～500%，该技术有机污泥排放量少，且在降解有机污染物的同时具有除磷脱氮、节能降耗等效果。

当进水 COD 浓度低于 500 mg/L、氨氮浓度低于 50 mg/L、总磷浓度低于 5 mg/L、总氮浓度低于 60 mg/L 时，COD 去除率达 93%～95%，氨氮去除率达 90%～95%，总磷去除率达 90%～95%，总氮去除率大于 90%；出水 COD 浓度为 25～35 mg/L，氨氮浓度为 2.5～5.0 mg/L，总磷浓度为 0.25～0.5 mg/L，总氮浓度小于 6 mg/L。

该技术可有效去除 COD、氨氮、总磷、总氮等污染物。

7.5.4　反渗透深度处理技术

反渗透深度处理技术也称为反渗透膜分离技术，是利用高压泵在浓溶液侧施加高于自然渗透压的操作压力，逆转水分子自然渗透的方向，迫使浓溶液中的水分子部分通过半透膜成为稀溶液侧的净化产水的过程。其工艺过程包括盘式过滤或精密过滤、微滤或超滤、反渗透等。

反渗透系统产生的淡水回用于生产线，浓水可经独立处理系统处理后排放，也可将浓水排入生化处理系统或混合废水调节池进一步处理。该技术工艺流程短，减少占地面积。全过程均属物理法，不发生相变。

该技术适用于电镀企业各种电镀生产线废水的深度脱盐处理。

7.6 电镀工业污染防治新技术

7.6.1 生物降解脱脂技术

生物降解脱脂技术利用微生物的生长特性，净化工件表面上的油污，使油污降解为二氧化碳和水。该技术可替代传统皂化等脱脂方法。其优点是适应范围（pH 为 4～9）广，脱脂温度低，节约能源；使用寿命长，节约资源；脱脂液不含磷，减少了对环境的污染。

该技术必须由一个生物降解装置和脱脂槽连接组成一个循环系统，分离死菌，补充营养，保持微生物的浓度和活性，以满足生产的要求。

该技术适用于镀件单一的新建大型电镀企业。

7.6.2 无氰碱性镀银技术

无氰碱性镀银技术是在碱性（pH 为 8.8～9.5）及一定的室温（15.5～24.0℃）条件下，采用特殊添加剂，直接在黄铜、铜、化学镍等工件表面镀银的工艺。该技术无须预镀银，镀层与工件的结合力优于氰化物镀银，镀件的颜色洁白、美观。镀液中银的补给来自银阳极，镀液稳定，阳极溶解效率高，具有镀层致密、光滑、结晶细致、极低空隙、焊接性能强等特点。

该技术适用于黄铜、铜、化学镍等工件直接镀银工艺。

7.6.3 吸附交换法回收废酸液技术

吸附交换法回收废酸液技术是利用离子交换树脂（或纤维）的阻滞特性，将废液中的酸吸附，其他金属盐顺利通过，然后利用纯水解析树脂以回收酸。第一步除去废酸液中的悬浮固体物，第二步对废酸液进行净化处理。

该材料有优异的亲酸性，当它与酸接触时，酸被吸附截留。酸液中的其他物质（如金属离子）则流出系统。当离子交换柱酸饱和后，再用水洗掉离子交换柱吸附的酸，成为再生酸液。

该技术适用于废酸液的回收利用。

7.6.4 生物处理含铬废水技术

生物处理含铬废水技术是利用复合菌（由具核梭杆菌、脱氮副球菌、迟钝爱得华氏菌、厌氧化球菌组合而成）在生长过程中，其代谢产物将以 $HCrO^-$、CrO^{2-}、CrO^{2-} 形式存在的六价铬还原为三价铬，形成氢氧化铬，与菌体其他金属离子的氢氧化物、硫化物混凝沉淀而被除去。

该技术产生的污泥量仅为化学法的 1%，形成的氢氧化铬、氢氧化铜、氢氧化镍、氢氧化锌沉淀物均可回收。

该技术适用于电镀企业含铬废水的处理。

7.7 水污染治理最佳可行技术

7.7.1 碱性氯化法处理技术

一级破氰：pH 为 9.5～11、氧化还原电位值为 300～350 mV、反应时间为 10～15 min；二级破氰：pH 为 7～8、氧化还原电位值为 600～650 mV、反应时间＞30 min。宜采用水力或机械搅拌，空气搅拌会逸出刺激性气体。选取氧化剂时应考虑经济性和安全性。

7.7.2 化学还原法处理技术

废水的 pH 控制在 2.5～3.0；还原反应时间为 20～30 min；氧化还原电位（ORP）值为 250～300 mV。

7.7.3 化学沉淀法处理技术

根据重金属的种类调整 pH 至 8～11；加药反应时间为 15～20 min。

7.7.4 化学法+膜分离法处理技术

加碱调整 pH 至 6.0～7.0；采用中空纤维膜或平板膜分离，孔径为 0.03～0.4μm；压力

为 −0.01～−0.03 MPa。

7.7.5 A/O 生物处理技术

废水在调节池内通过曝气搅拌均匀水质后进入生化处理，A 段为水解酸化工艺，温度为 20～35℃，pH 为 6.5～8.5，溶解氧（DO）浓度为 0.2～0.5 mg/L；O 段为接触氧化工艺，温度为 20～35℃，pH 为 7～8，DO 浓度不低于 2.0 mg/L。

7.7.6 A²/O 生物处理技术

第一个 A 段为厌氧（水解酸化）工艺，水力停留时间为 4 h，温度为 20～35℃，pH 为 6.5～8.5，溶解氧浓度低于 0.2 mg/L；第二个 A 段为缺氧工艺，水力停留时间为 2～4 h，温度为 20～35℃，pH 为 6.5～8.5，溶解氧浓度为 0.2～0.5 mg/L；O 段为接触氧化工艺，水力停留时间为 4 h，温度为 20～35℃，pH 为 7～8，溶解氧浓度为 2.0～4.0 mg/L，污泥回流比为 100%～300%。

7.7.7 好氧膜生物处理技术

膜生物反应池污泥浓度为 3 000～6 000 mg/L；溶解氧浓度为 2.0～4.0 mg/L；水泵负压抽吸出水，压力为 −0.01～−0.03 MPa；水力停留时间（HRT）为 4～6 h；污泥回流比为 100%～300%；膜孔径为 0.03～0.4 μm；采用中空纤维膜或平板膜。

7.7.8 缺氧（或兼氧）膜生物处理技术

膜生物反应池污泥浓度大于 15 g/L，溶解氧浓度为 0.2～0.5 mg/L；膜箱内溶解氧浓度不小于 2.0 mg/L；水泵抽吸出水，压力为 −0.01～−0.03 MPa；水力停留时间（HRT）为 4～5 h；污泥回流比为 100%～500%；膜孔径为 0.03～0.4μm；采用中空纤维膜或平板膜。

7.7.9 厌氧-缺氧（或兼氧）膜生物处理技术

厌氧池采用水解酸化工艺，溶解氧浓度小于 0.2 mg/L。

7.7.10 反渗透深度处理技术

系统回收率为 60%～65%；系统脱盐率大于 97%；工作压力为 0.9～1.7 MPa。

7.8　污染防治可行技术采用情况

根据排污许可平台数据统计调查，全国电镀企业基本上都采用污染防治可行技术，但由于管理水平和运行维护水平差异，所以企业之间排放水平存在较大差异。

根据《电镀污染物排放标准》（GB 21900—2008）实施评估报告，2011—2016 年，电镀废水单因子达标排放率基本能达到 90%以上，达标率总体呈上升趋势，全因子达标排放率为 76.1%～88.6%，其中，2016 年全国全因子达标率为 79.1%，执行特别排放限值的太湖流域全因子达标率为 59.8%，执行地方排放标准的广东的废水达标排放率为 85.5%。从地方调研反应情况来看，除总镍外，化学需氧量、总铜等指标达标也存在困难。总镍、总铜超标原因是镍、铜在络和状态下用化学处理法处理效果有限；化学需氧量超标原因是电镀废水有机污染物的可生化性较差。

8 BAT 支撑排污许可管理

8.1 支撑排污许可申请与核发

8.1.1 污染物防治可行技术审核程序

根据《排污许可证申请与核发技术规范 电镀工业》（HJ 855—2017）的有关规定，如果企业采用《可行技术指南》中规定的技术，则可以认为企业具备达标排放能力，生态环境部门可以核发排污许可证。按照排污许可证的审核程序，结合《可行技术指南》的可行技术分类，本次研究提出图 8-1 的可行技术支撑排污许可证核发的审核程序。生态环境部门通过审核企业提交的申请材料，在申请材料的登记信息中核查企业是否采用污染预防治理技术，在申请材料的产排污环节和污染防治措施中核查企业是否采用污染防治可行技术，核查结果如果符合《可行技术指南》要求，则可以认为企业具备发证条件，否则认为不具备发证条件，需要企业提交额外的证明材料。

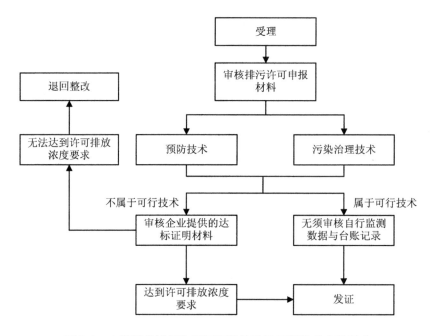

图 8-1 电镀行业排污许可证污染物防治可行技术审核程序

8.1.2　污染物预防可行技术审核内容

核发部门按照排污许可申请与核发技术规范要求，并参照《电镀污染防治最佳可行技术指南（试行）》（HJ-BAT-11），从企业的生产工艺、污染治理技术、采用的设施和措施等内容，审核企业是否采用污染防治可行技术。《可行技术指南》中污染防治可行技术包括预防可行技术和治理可行技术。

预防可行技术是电镀行业污染防治体系中的重要环节，《排污许可申请与核发技术规范　电镀工业》（HJ 855—2017）中未对预防技术提出具体要求。《可行技术指南》中罗列了不同先进生产工艺对污染源产生的影响的差异，如采取无氰镀锌、无氰无甲醛镀铜、羟基亚乙基镀铜等工序不产生氰化物等，可为审核部门判别污染物产生量水平、污染因子完整性等提供技术指导和参考。

《可行技术指南》预防可行技术及适应性要求见表 8-1。

表 8-1　电镀行业预防可行技术

项目	可行技术指南			排污许可申请与核发技术规范
	最佳可行技术	主要技术指标	技术适用性	产污设施字典项
有毒材料替代	无氰镀锌技术	无氰化物产生	挂镀生产线电镀锌工艺	镀槽
	无氰无甲醛镀铜技术	无氰化物，电流效率达 95%，镀层结合力强	钢铁、铜、锡基件镀铜工艺	镀槽
	羟基亚乙基二膦酸（HEDP）镀铜技术	无氰化物，分散能力好，镀层细密半光亮，结合力好	钢铁、铜基件直接镀铜工艺	镀槽
	三价铬电镀技术	毒性小，沉积速度快，耐腐蚀、耐磨性能好	装饰性电镀铬工艺	镀槽
	纳米合金电镀技术	电流效率达 80%，材料利用率大于 95%	功能型电镀铬工艺	镀槽
清洗水减量化	多级逆流清洗技术	比单槽清洗法节水 50% 以上	挂镀、滚镀自动化生产工艺	水洗槽
	间歇逆流清洗技术	比单槽清洗法节水 90% 以上	单一镀种的电镀工艺	水洗槽
	喷射水洗技术	比单槽清洗法节水 50% 以上	自动或半自动电镀线	水洗槽
槽边回收技术	逆流清洗-离子交换技术	贵重金属回收率达 90% 以上	批量大、用水量较大的连续生产车间	水洗槽
	逆流清洗-反渗透技术	贵重金属回收率达 90% 以上	电镀镍等贵金属清洗废水回收利用	水洗槽
	槽边电解回收技术	氰酸根去除率大于 99%；重金属回收率可达到 90%	酸性镀铜、氰化镀铜、氰化镀银等工艺	镀槽

项目	可行技术指南			排污许可申请与核发技术规范
	最佳可行技术	主要技术指标	技术适用性	产污设施字典项
槽边回收技术	槽边化学反应技术	清洗水循环利用 95%	六价铬镀铬工艺	镀槽
	镀铬废液回收技术	铬酸回收率达 95%以上	镀铬生产线改造和新建电镀铬生产线	溶液过滤设备
	溶剂萃取一电解法回收废蚀刻液技术	废蚀刻液再生利用率大于 90%;电解液、萃取剂油相洗水均实现闭路循环	废蚀刻液再生利用	镀槽

8.1.3 污染物治理可行技术审核内容

《排污许可证申请与核发技术规范》中列举了电镀行业废气、废水污染物治理可行技术要求，但对各项可行技术的适用性界定较为概括。《可行技术指南》中对不同治理技术提出了技术效果参数和技术适用性参数，相较《排污许可证申请与核发技术规范》内容上更为细化。审核部门可结合排污许可字典项，更为精确地识别排污许可证中污染物可行技术，从而掌握企业污染物排放水平。

《可行技术指南》及电镀行业排污许可证填报中污染治理可行技术对照情况见表 8-2。

表 8-2 电镀行业污染治理可行技术

类别	可行技术指南			排污许可证申请与核发技术规范
	最佳可行技术	主要技术指标	技术适用性	对应治理工艺字典项
废水	碱性氯化法处理技术	氰化物去除率＞95%，总氰化物（以 CN^- 计）＜0.2 mg/L	处理含氰废水	碱性氯化法
	化学还原法处理技术	六价铬去除率＞98%，六价铬浓度＜0.2 mg/L	处理含铬废水	化学还原法处理技术
	化学沉淀法处理技术	重金属去除率＞98%	处理重金属废水	化学沉淀法处理技术
	化学法+膜分离法处理技术	固体废物减量 50%；水回用率＞60%；金属回收率＞95%	处理重金属废水	化学法+膜分离法处理技术
	A/O 生化处理技术	当进水 COD_{Cr} 浓度≤500 mg/L 时，COD_{Cr} 去除率＞80%，出水 COD_{Cr} 浓度＜100 mg/L	处理低浓度有机废水	缺氧/好氧（A/O）生化处理技术
	A^2/O 生化处理技术	当进水 COD_{Cr} 浓度≤500 mg/L，氨氮浓度≤50 mg/L 时，COD_{Cr} 去除率为 80%～90%，氨氮去除率为 80%～90%，出水 COD_{Cr} 浓度为 50～100 mg/L，氨氮浓度为 5～10 mg/L	处理有机废水	厌氧/缺氧/好氧（A^2/O）生化处理技术

类别	可行技术指南			排污许可证申请与核发技术规范
	最佳可行技术	主要技术指标	技术适用性	对应治理工艺字典项
废水	好氧膜生物处理技术	当进水 COD_{Cr} 浓度≤500 mg/L、BOD_5 浓度≤200 mg/L、氨氮浓度≤50 mg/L、总磷浓度≤5 mg/L、总氮浓度≤60 mg/L 时，COD_{Cr} 去除率为80%～90%，BOD_5 去除率＞90%，氨氮去除率为80%～90%，总磷去除率为70%～80%，总氮去除率＞70%；出水 COD_{Cr} 浓度为50～100 mg/L，BOD_5 浓度＜20 mg/L，氨氮浓度为5.0～10 mg/L，总磷浓度为1.0～1.5 mg/L，总氮浓度＜18 mg/L	处理有机废水	好氧膜生物处理技术
	缺氧膜生物处理技术	当进水 COD_{Cr} 浓度≤500 mg/L、BOD_5 浓度≤200 mg/L、氨氮浓度≤50 mg/L、总磷浓度≤5 mg/L、总氮浓度≤60 mg/L 时，COD_{Cr} 去除率约为95%，BOD_5 去除率＞95%，氨氮去除率为90%～95%，总磷去除率90%～95%，总氮去除率＞90%，出水 COD_{Cr} 浓度为25～35 mg/L，BOD_5 浓度＜10 mg/L，氨氮浓度为2.5～5.0 mg/L，总磷浓度＜0.5 mg/L，总氮浓度＜6 mg/L	处理有机废水	缺氧膜生物处理技术
	厌氧-缺氧膜生物处理技术	当进水 COD_{Cr} 浓度≤500 mg/L、氨氮浓度≤50 mg/L、总磷浓度≤5 mg/L、总氮浓度≤60 mg/L 时，COD_{Cr} 去除率为93%～95%，氨氮去除率为90%～95%，总磷去除率为90%～95%，总氮去除率＞90%，出水 COD_{Cr} 浓度为25～35 mg/L，氨氮浓度为2.5～5.0 mg/L，总磷浓度为0.25～0.5 mg/L，总氮浓度＜6 mg/L	去除碳源污染物同时脱氮除磷	厌氧－缺氧膜生物处理技术
	反渗透深度处理技术	当进水金属离子浓度为20～40 mg/L、电导率小于1 800 μS/cm 时，出水金属离子浓度＜0.4 mg/L、电导率＜50 μS/cm	电镀废水资源化工程	—
废气	喷淋塔中和法处理技术	10%碳酸钠和氢氧化钠溶液中和硫酸废气，去除率为90%；低浓度氢氧化钠或氨水中和盐酸废气，去除率为95%；5%的碳酸钠和氢氧化钠溶液中和氢氟酸（HF）废气，去除率＞85%	适用各种酸性气体净化	喷淋塔中和法

类别	可行技术指南			排污许可证申请与核发技术规范
	最佳可行技术	主要技术指标	技术适用性	对应治理工艺字典项
废气	凝聚法回收铬雾技术	铬雾回收率>95%	铬酸雾回收	喷淋塔凝聚回收法
	喷淋塔吸收法处理技术	采用次氯酸钠水溶液作吸收液时,应用氢氧化钠调节吸收液pH至弱碱性状态,净化效率>90%;采用硫酸亚铁溶液做吸收液时,将0.1%~0.2%的硫酸亚铁水溶液送入喷淋塔,吸收3~4 s,净化效率达96%	氰化物废气处理	喷淋塔吸收氧化法
	袋式除尘法净化技术	除尘效率可达95%以上,排放浓度<40 mg/m³	粉尘治理	—
	湿式除尘法处理技术	除尘效率可达95%,排放浓度<50 mg/m³	粉尘治理	—

8.2 支撑执法检查

《排污许可管理办法》第三十九条规定:"环境保护主管部门对排污单位进行监督检查时,应当重点检查排污许可证规定的许可事项的实施情况。通过执法监测、核查台账记录和自动监测数据以及其他监控手段,核实排污数据和执行报告的真实性,判定是否符合许可排放浓度和许可排放量,检查环境管理要求落实情况。"在证后监管、证后执法等排污许可制度管理实践活动中,《可行技术指南》具备详细、明确的现场执法细则和运行管理要求,可作为管理部门监督管理的指导性参考。

8.2.1 废水排放合规性执法检查

8.2.1.1 排放口合规性检查

（1）检查内容

掌握废水排放口的基本情况。检查排放口位置、数量、编码、废水排放方式、排放去向,检查排放口设置的规范性。

（2）检查重点

生产废水、生活污水和雨水排放口的数量、编码、排放去向、排放规律、受纳自然水体信息。检查排放口信息与排污许可证是否一致,排放口设置是否规范。

单独排入城镇集中污水处理设施的生活污水仅检查去向。

（3）检查方法

以核发的排污许可证为基础，现场核实排放口数量、位置、排放方式、排放去向、排放规律、受纳自然水体信息，对排放口设置的规范性进行检查。

1）排放口数量与位置

现场逐一清查生产废水、生活污水和雨水排放口的位置、数量，核查与排污许可证的一致性。

2）排放去向

对直接排放的企业，通过实地察看排放口，检查废水排放去向、受纳环境水体与排污许可证许可事项的相符性。检查是否有通过未经许可的排放口排放水污染物的行为。检查是否有通过雨水排放口排放电镀废水的行为。

对采用间接方式排放的企业，可通过检查与下游污水处理单位签订的合同或协议等文件进行核实。如发现废水排放去向与排污许可证记载不相符的，须立即开展调查并根据调查结果进行执法。

3）排放口

根据《排污口规范化整治技术要求》（环监〔1996〕470 号），对排放口设置的规范性进行检查，基本要求如下：

①合理确定污水排放口位置。工厂总排放口应设置规范的，便于测量流量、流速的测流段。列入重点整治清单的污水排放口（总排放口、车间或处理设施排放口等）应安装流量计。一般污水排放口可安装三角堰、矩形堰、测流槽等测流装置或其他计量装置。工厂总排放口、排放一类污染物的车间排放口、污水处理设施的进水和出水口，应按照《污染源监测技术规范》的要求设置采样点。

②开展排放口（源）规范化整治的单位，必须使用统一的环境保护图形标志牌。环境保护图形标志牌设置位置应距废水排放口（源）或采样点较近且醒目处，并能长久保留。在一般性污染物排放口（源），设置提示性环境保护图形标志牌；在排放剧毒、致癌物及对人体有严重危害物质的排放口（源），设置警告性环境保护图形标志牌。

③各级环保部门和排污单位均需使用由原国家环境保护局统一印制的《中华人民共和国规范化排污口标志登记证》，并按要求认真填写有关内容。登记证与标志牌配套使用，由各地环境保护部门签发给有关排污单位。

④规范化整治排污口的有关设施（如计量装置、标志牌等）属环境保护设施的，排污单位应将环境保护设施纳入本单位设备管理，制定相应的管理办法和规章制度。各地环境保护部门应按照有关环境保护设施监督管理规定，加强日常监督管理。

地方环保部门针对排污口规范化整治有进一步要求的，按照地方环保部门要求执行。

8.2.1.2 排放浓度与许可浓度一致性检查

（1）废水治理设施情况

1）检查重点

检查电镀废水产生环节与分类情况。根据电镀废水的类型，核查每一类电镀废水是否建有相应的治理设施。检查每一台（套）废水治理设施的编号、名称和工艺；核查其实际治理措施与排污许可证载明的治理措施是否一致。核查其治理工艺是否为可行技术。检查事故水池和初期雨水收集池与排污许可证载明的是否一致。检查事故水池和初期雨水收集池设置、管理、维护的规范性。

2）检查方法

以核发的排污许可证为基础，现场检查所有电镀生产线，查看电镀废水的产生、分类与收集情况。检查废水治理设施编号、名称、工艺等，核查与排污许可证登记事项的一致性。

对废水治理措施是否属于可行技术进行检查，利用可行技术判断企业是否具备符合规定的防治污染设施或污染物处理能力。在检查过程中如发现废水污染治理措施不属于可行技术的，须在后续的执法中关注排污情况，重点对达标情况进行检查。

（2）废水治理设施运行情况

1）检查重点

电镀废水治理设施是否正常运行。

2）检查方法

在检查过程中，应检查电镀废水是否采取了分类收集与分质处理措施。

按照电镀废水的类别和相应的治理工艺，检查治理设施的运行情况。

在检查过程中，应对电镀生产的用水量、废水产生量及其与污水处理站进水量、排水量的一致性进行检查。现场检查废水治理设施的运行记录，如处理药剂购买、领用、使用消耗记录；核对药剂的使用量；对废水处理量与污泥产生量的相关性进行检查；现场检查污染治理设施的维修、维护记录。

在检查过程中，如发现废水产生量低于最低排水量，或与污水处理站进水量不一致的、污水处理站进水量与排水量不一致的、废水处理量与污泥产生量相关性不在正常范围的，需要重点检查是否存在使用暗管、渗井、渗坑、灌注或者篡改、伪造监测数据，或者不正常运行防治污染设施等逃避监管的情况。

对治理措施工艺参数或处理设备表观状态进行检查。在检查过程中发现废水治理措施工艺参数不相符或处理设备表观状态不正常的，在后续的执法中须对达标情况进行重点检查。

（3）污染物排放浓度满足许可浓度要求情况

1）检查重点

在车间或处理设施排放口检查六价铬、总铬、总镍、总镉、总银、总铅、总汞浓度，在总排放口检查总铜、总锌、COD、氨氮等污染物浓度是否低于许可排放浓度限值要求。

2）检查方法

排放浓度以资料检查为主，根据剔除异常值的自动监测数据、执法监测数据及企业自行开展的手工监测数据判断。手工监测数据与自动监测数据不一致的，以符合法定监测标准和监测方法的手工监测数据作为优先判断依据。对于有异议或根据需要进行执法监测的，执法监测过程中的即时采样可以作为执法依据。

对于未要求采用自动监测的排放口或污染物，应以手工监测为准，同一时段有执法监测的，以执法监测为准。

①执法监测。按照监测规范要求获取的执法监测数据超标的，即视为超标。根据《地表水和污水监测技术规范》（HJ/T 91）、《水污染物排放总量监测技术规范》（HJ/T 92）确定监测要求。

②排污单位自行监测：

a. 自动监测。将按照监测规范要求获取的自动监测数据计算得到的有效日均浓度值（除 pH 值外）与许可排放浓度限值进行比对，超过许可排放浓度限值的，即视为超标。对于应当采用自动监测而未采用的排放口或污染物，即认为不合规。

对于自动监测，有效日均浓度是对应于以每日为一个监测周期内获得的某个污染物的多个有效监测数据的平均值。在同时监测污水排放流量的情况下，有效日均值是以流量为权重的某个污染物的有效监测数据的加权平均值；在未监测污水排放流量的情况下，有效日均值是某个污染物的有效监测数据的算术平均值。

自动监测的有效日均浓度应根据《水污染源在线监测系统运行与考核技术规范（试行）》（HJ/T 355）和《水污染源在线监测系统数据有效性判别技术规范（试行）》（HJ/T 356）等相关文件确定。

b. 手工监测。对于未要求采用自动监测的排放口或污染物，应进行手工监测。按照自行监测方案、监测规范进行手工监测，当日各次监测数据平均值或当日混合样监测数据（除 pH 值外）超标的，即视为超标。

③若同一时段的执法监测数据与电镀工业排污单位自行监测数据不一致，执法监测数

据符合法定的监测标准和监测方法的，以执法监测数据为准。

8.2.1.3 实际排放量与许可排放量一致性检查

（1）检查内容

污染物实际排放量。

（2）检查重点

排污许可证许可的污染物实际排放量是否满足年许可排放量要求。电镀工业排污单位排放废水污染物，车间或生产设施排放口的基本核算因子为总铬、六价铬、总镍、总镉、总银、总铅、总汞；总排放口的基本核算因子为总铜、总锌、化学需氧量、氨氮以及受纳水体环境质量超标且列入《电镀污染物排放标准》（GB 21900）中的其他污染因子年许可排放量。对《"十三五"生态环境保护规划》及生态环境部正式发布的文件中规定的总磷、总氮总量控制区域内的电镀工业排污单位，总排放口核算因子增加总磷及总氮。地方生态环境主管部门另有规定的，从其规定。

（3）检查方法

实际排放量为正常和非正常排放量之和，核算方法包括实测法（分为自动监测和手工监测）、物料衡算法、产排污系数法。

电镀工业排污单位的废水污染物在核算时段内的实际排放量等于正常情况与非正常情况实际排放量之和。核算时段根据管理需求，可以是季度、年或特殊时段等。电镀工业排污单位的废水污染物在核算时段内的实际排放量等于主要排放口实际排放量（包括总排放口和车间及设施排放口）之和。

电镀工业排污单位的废水污染物在核算时段内，正常情况下的实际排放量首先采用实测法核算，分为自动监测实测法和手工监测实测法。对于排污许可证中载明的要求采用自动监测的污染物项目，应采用符合监测规范的有效自动监测数据核算污染物实际排放量。对于未要求采用自动监测的污染物项目，可采用自动监测数据或手工监测数据核算污染物实际排放量。采用自动监测的污染物项目，应同时根据手工监测数据进行校核，若同一时段的手工监测数据与自动监测数据不一致，手工监测数据符合法定的监测标准和监测方法的，以手工监测数据为准。要求采用自动监测而未采用的排放口或污染物，采用物料衡算法核算二氧化硫排放量、产污系数法核算其他污染物排放量，且均按直接排放进行核算。未按照相关规范文件等要求进行手工监测（无有效监测数据）的排放口或污染物，有有效治理设施的按排污系数法核算（其中废水污染物排放量按核算时段内流量与执行排放标准的乘积核算），无有效治理设施的按产污系数法核算。

电镀工业排污单位的废水污染物在核算时段内非正常情况下的实际排放量采用产污

系数法核算污染物排放量，且均按直接排放进行核算。

电镀工业排污单位如含有适用其他行业排污许可技术规范的生产设施，废水污染物的实际排放量采用实测法进行核算时，按《关于发布计算标准环境保护税应税污染物排放量的排污系数和物料衡算方法的公告》所列方法进行核算。采用产排污系数法进行核算时，实际排放量为涉及的各行业生产设施实际排放量之和。

在自动监测数据由于某种原因出现中断或其他情况时，可根据 HJ/T 356 予以补遗。仍无法核算出全年排放量时，可采用手工监测数据核算。要求采用自动监测而未采用的排放口或污染因子，采用产污系数法核算污染物的排放量，按直排进行核算。无有效自动监测数据时，可采用手工监测数据进行核算。手工监测数据包括核算时间内的所有执法监测数据和电镀工业排污单位自行或委托第三方获得的有效手工监测数据。电镀工业排污单位自行或委托的手工监测频次、监测期间生产工况、数据有效性等须符合相关规范文件等要求。采用手工监测数据时，电镀工业排污单位应将手工监测时段内生产负荷与核算时段内的平均生产负荷进行比对，并给出比对结果。

1）正常情况下污染物排放量核算

①实测法

实测法是通过实际测量废水排放量及所含污染物的质量浓度计算某种污染物排放量的方法，分为自动监测实测法和手工监测实测法。

a. 采用自动监测系统监测数据核算

自动监测实测法是指根据 DCS 历史存储的 CEMS 数据中的每日污染物的平均排放浓度、平均排水量、运行时间核算污染物年排放量。获得有效自动监测数据的，可以采用自动监测数据核算污染物排放量。污染源自动监测系统及数据须符合 HJ/T 353、HJ/T 354、HJ/T 355、HJ/T 356、HJ/T 373、HJ 630、HJ 819、排污许可证等的要求。

核算时段内污染物排放量采用式（8-1）进行计算。

$$E = \sum_{i=1}^{n}(c_i q_i) \times 10^{-3} \tag{8-1}$$

式中：E——核算时段内废水排放口某项水污染物的实际排放量，kg；

c_i——核算时段内废水排放口某项水污染物在第 i 日的自动实测平均排放浓度，mg/L；

q_i——核算时段内废水排放口第 i 日的流量，m³/d（总铬、六价铬、总镍、总镉、总银、总铅、总汞按车间或生产设施排放口流量计算；总铜、总锌、化学需氧量、氨氮按总排放口流量计算）；

n——核算时段内主要排放口的水污染物排放时间，d。

b. 采用手工监测数据核算

手工监测实测法是指根据每次手工监测时段内每日污染物的平均排放浓度、平均排水量、运行时间核算污染物年排放量。未安装自动监测系统或无有效自动监测数据时，采用执法监测、排污单位自行监测等手工监测数据进行核算。监测频次、监测期间生产工况、数据有效性等须符合 HJ/T 91、HJ/T 92、HJ/T 373、HJ 630、HJ 819、排污许可证等的要求。除执法监测外，其他所有手工监测时段的生产负荷应不低于本次监测与上一次监测周期内的平均生产负荷（平均生产负荷即企业该时段内实际生产量/该时段内设计生产量）。电镀工业排污单位应给出生产负荷比对结果。

核算时段内废水中某种污染物排放量采用式（8-2）进行计算。

$$E = \frac{\sum_{i=1}^{n}(c_i \times q_i)}{n} \times h \times 10^{-3} \tag{8-2}$$

式中：E —— 核算时段内废水排放口水污染物的实际排放量，kg；

c —— 核算时段内废水排放口水污染物的实测日加权平均排放浓度，mg/L；

q —— 核算时段内废水排放口的日平均排水量，m³/d（总铬、六价铬、总镍、总镉、总银、总铅、总汞按车间或生产设施排放口流量计算；总铜、总锌、化学需氧量、氨氮按总排放口流量计算）；

c_i —— 核算时段内第 i 次监测的日监测浓度，mg/L；

q_i —— 核算时段内第 i 次监测的日排水量，m³/d；

n —— 核算时段内取样监测次数，量纲一；

h —— 核算时段内主要排放口的水污染物排放时间，d。

采用自动监测的污染物项目，应同时根据手工监测数据进行校核，若同一时段的手工监测数据与自动监测数据不一致，手工监测数据符合法定的监测标准和监测方法的，以手工监测数据为准。

对要求采用自动监测的排放口或污染因子，在自动监测数据由于某种原因出现中断或其他情况时，应按照 HJ/T 356 予以补遗。

无有效自动监测数据时，采用手工监测数据进行核算。手工监测数据包括核算时间内的所有执法监测数据和排污单位自行或委托获得的有效手工监测数据。排污单位自行或委托开展的手工监测频次、监测期间生产工况、数据有效性等须符合相关规范文件等要求。

要求采用自动监测而未采用的排放口或污染物，以及未按照自行监测方案进行手工监测的排放口或污染物，按照产污系数法核算实际排放量，且按直接排放核算。

②产污系数法

根据产污系数与产品产量，核算污染物的实际产生量，按照式（8-3）计算。电镀工业的产污系数按《关于发布计算污染物排放量的排污系数和物料衡算方法的公告》（环境保护部公告　2017 年第 81 号）的要求选取。

$$E = S \times G \times 10^{-3} \tag{8-3}$$

式中：E —— 核算时段内废水排放口某项水污染物的实际排放量，kg；

$\quad\quad G$ —— 废水排放口某项水污染物的产污系数，g/m²；

$\quad\quad S$ —— 核算时段内实际产品产量，m²。

2）非正常情况下污染物排放量核算

废水处理设施在非正常情况下的排水，如无法满足排放标准要求时，不应直接排入外环境，待废水处理设施恢复正常运行后方可排放。如因特殊原因造成废水治理设施未正常运行超标排放污染物的，或偷排偷放污染物的，按产污系数核算非正常排放期间实际排放量，计算公式见式（8-3），式中核算时段为未正常运行时段（或偷排偷放时段）。

8.2.2　废气排放合规性执法检查

8.2.2.1　排放口（源）合规性检查

（1）检查内容

检查废气排放口基本情况，包括排放口类型、编码、数量、地理坐标、高度、内径、排放污染物种类等；检查与排污许可证载明的一致性；检查排放口设置规范性。

（2）检查重点

主要排放口：锅炉烟气排放口（按锅炉工业执法手册进行检查）。

一般排放口：电镀车间废气排气筒。

（3）检查方法

以核发的排污许可证为基础，现场核实排放口数量、地理坐标、高度、内径、排放污染物种类与许可要求的一致性，对排放口设置的规范性进行检查。

1）污染物种类

电镀企业废气排放口及污染因子可参见表 8-3 进行检查。

表 8-3　废气排放口及污染因子参照表

生产设施	排放口	污染因子
电镀车间	废气排气筒	氯化氢、氮氧化物、硫酸雾、铬酸雾、氰化氢 [a]、氟化物

[a] 含氰化氢气体的排气筒高度应不低于 25 m。

2）排放口

根据《排污口规范化整治技术要求》（环监〔1996〕470 号）进行考核。主要要求如下：

①排气筒应设置便于采样、监测的采样口。采样口的设置应符合《污染源监测技术规范》的要求。采样口位置无法满足规范要求的，其监测位置由当地环境监测部门确认。无组织排放有毒有害气体的，应加装引风装置，进行收集、处理，并设置采样点。

②开展排放口（源）规范化整治的单位，必须使用由原国家环境保护局统一定点制作和监制的环境保护图形标志牌；环境保护图形标志牌设置位置应距污染物排放口（源）或采样点较近且醒目处，并能长久保留；在一般性污染物排放口（源），设置提示性环境保护图形标志牌，在排放剧毒、致癌物及对人体有严重危害的物质的排放口（源），设置警告性环境保护图形标志牌。

③各级生态环境部门和排污单位均需使用由原国家环境保护局统一印制的《中华人民共和国规范化排污口标志登记证》，并按要求认真填写有关内容。登记证与标志牌配套使用，由各地生态环境部门签发给有关排污单位。

④规范化整治排污口的有关设施（如计量装置、标志牌等）属环境保护设施的，各地生态环境部门应按照有关环境保护设施监督管理规定，加强日常监督管理，排污单位应将环境保护设施纳入本单位设备管理，制定相应的管理办法和规章制度。

地方生态环境部门针对排污口规范化整治有进一步要求的，按照地方生态环境部门要求执行。

8.2.2.2　排放浓度与许可浓度一致性检查

（1）采用污染治理措施情况

1）检查重点

检查是否采用了废气治理措施，核实产排污环节对应的废气污染治理设施编号、名称、工艺，以及是否为可行技术。

2）检查方法

以核发的排污许可证为基础，现场检查电镀废气污染治理设施名称、工艺等与排污许可证登记事项的一致性。

对废气污染治理措施是否属于污染防治可行技术进行检查，利用可行技术判断企业是否具备符合规定的防治污染设施或污染物处理能力。在检查过程中发现废气污染治理措施不属于可行技术的，需在后续的执法中关注排污情况，重点对达标情况进行检查。

（2）污染治理措施运行情况

1）检查重点

各废气污染治理设施是否正常运行，以及运行和维护情况。

2）检查方法

现场检查电镀废气排气筒的采样孔、采样监测平台设置是否规范。

电镀废气处理主要是对铬酸雾、含氰废气、酸性废气（硫酸雾、盐酸雾、硝酸雾废气、氢氟酸废气）和磨抛光废气的处理。

①铬酸雾。铬酸雾的处理主要是喷淋塔凝聚回收，回收下来的铬酸液可直接用于生产。

通过查阅台账记录，检查铬酸雾废气净化处理使用的工艺是否合理。铬酸雾处理的重点是回收稀铬酸，回用于生产。因此，检查稀铬酸回收量是否有异常波动，异常波动的理由是否正当，是否有记录；检查稀铬酸的去向；检查净化设施运行、维修、维护是否有记录，记录是否完整、规范。

②含氰废气。采用喷淋吸收方式，将废气中的氰化物吸收，最终送入含氰废水处理系统进行达标处理。

通过查阅台账记录，检查含氰废气净化处理使用的药剂是否正确，pH 值控制是否合理；pH 值和药剂使用量是否有异常波动，异常波动是否有正当理由并在台账中予以记录；重点检查药剂消耗记录和 pH 值测试记录，检查处理含氰废气产生的含氰废水的去向；检查设施运行、维修、维护是否有记录；检查记录是否完整、规范。

③酸性废气。硫酸雾废气一般可用 10%碳酸钠和氢氧化钠溶液中和硫酸废气，去除率达 90%；一般碱液的 pH 达到 8～9 时，即需要换新的碱液。

盐酸雾废气一般可用低浓度氢氧化钠或氨水中和处理。

硝酸雾废气一般可用活性炭吸附法和液体吸收法处理。活性炭吸附法在活性炭吸附饱和后，需要将饱和活性炭从吸附设备中取出进行再生。液体吸收法又分为氧化吸收和还原吸收。氧化吸收是在碱性吸收液吸收之前，采用氧化剂将废气送入吸收塔的进气管内，将部分 NO 氧化成为 NO_2 后继而在碱性吸收液中被吸收；还原吸收是采用亚硫酸钠、硫化物或尿素等还原剂水溶液作为吸收液。也有在碱液中加入硫化物或尿素进行吸收的，如采用 8%的氢氧化钠与 10%的硫化钠混合水溶液作为吸收液，或者用氢氧化钠溶液多级喷淋吸收后再加一级硫化钠水溶液喷淋吸收，吸收效率可达 90%以上。

氢氟酸废气一般可用 5%的碳酸钠和氢氧化钠溶液进行中和处理，再加入适当的石灰溶液和明矾，沉淀。

通过查阅台账记录，检查酸性废气净化处理使用的药剂是否正确，pH 值控制是否合理；pH 值和药剂使用量是否有异常波动，异常波动是否有正当理由并在台账中予以记录；重点检查药剂消耗记录和 pH 值测试记录，检查废气处理设施产生的废水的去向；检查设施运行、维修、维护是否有记录；检查记录是否完整、规范。

④磨抛光废气。喷丸、磨光与抛光等设备排出的含尘废气通常采用除尘器加以净化。

查阅台账记录，通过除尘器进出口粉尘浓度，计算去除效率。检查除尘器是否符合设计要求，除尘器运行是否有异常波动，出现异常波动是否有正当理由并进行了记录，现场察看除尘器出口是否有明显可见尘烟，除尘器运行是否合规。

（3）污染物排放浓度满足许可浓度要求情况

1）检查重点

一般排放口：电镀车间各废气排气筒氯化氢、氮氧化物、硫酸雾、铬酸雾、氰化氢、氟化物等污染物浓度是否低于许可限值要求。

2）检查方法

排放浓度的检查方法以资料检查为主，根据剔除异常值的自动监测数据、执法监测数据及企业自行开展的手工监测数据判断。若同一时段的手工监测数据与自动监测数据不一致，以符合法定监测标准和监测方法的手工监测数据作为优先判断依据。对于有异议的根据需要进行执法监测，执法监测过程中的即时采样数据可以作为执法依据。

对于未要求采用自动监测的排放口或污染物，应以手工监测为准，同一时段有执法监测的，以执法监测为准。

电镀企业各废气排放口污染物的排放浓度达标是指任一小时浓度均值均满足许可排放浓度要求。各项废气污染物小时浓度均值根据自动监测数据和手工监测数据确定。

自动监测小时均值是指整点 1 h 内不少于 45 min 的有效数据的算术平均值。按照 GB/T 16157 和 HJ/T 397 中的相关规定，手工监测小时均值是指 1 h 内等时间间隔 3～4 个采样样品监测结果的算术平均值。

对于电镀企业的污染因子，按照剔除异常值的自动监测数据、执法监测数据及企业自行开展的手工监测数据作为达标判定依据。若同一时段的手工监测数据与自动监测数据不一致，手工监测数据符合法定的监测标准和监测方法的，以手工监测数据作为优先达标判定依据。

8.2.3　环境管理合规性执法检查

8.2.3.1　自行监测落实情况检查

（1）检查内容

检查内容主要包括是否开展了自行监测，以及自行监测的点位、因子、频次是否符合排污许可证要求。

1）自动监测

主要检查以下内容与排污许可证载明内容的相符性：排放口编号、监测内容、污染物名称、自动监测设施是否符合安装运行、维护等管理要求。

2）手工自行监测

主要检查以下内容与排污许可证载明内容的相符性：排放口编号、监测内容、污染物名称、监测方法；手工监测采样方法及个数、手工监测频次。

（2）检查方法

主要为资料检查，包括自动监测、手工自行监测记录，环境管理台账，自动监测设施的比对、验收等文件。对于自动监测设施，可现场查看运行情况、药剂有效期等。

8.2.3.2　环境管理台账落实情况检查

（1）检查内容

检查内容主要包括是否有环境管理台账，环境管理台账是否符合排污许可证相关要求。

主要检查生产设施的基本信息、污染防治设施的基本信息、监测记录信息、运行管理信息和其他环境管理信息等的记录内容、记录频次和记录形式。

（2）检查方法

查阅环境管理台账，对照排污许可证要求检查台账记录的及时性、完整性、真实性。涉及专业技术的，可委托第三方技术机构对排污单位的环境管理台账记录进行审核。

8.2.3.3　执行报告落实情况检查

（1）检查内容

执行报告主要内容和上报频次是否满足排污许可证要求。

（2）检查方法

查阅排污单位执行报告文件及上报记录。涉及专业技术领域的，可委托第三方技术机构对排污单位的执行报告内容进行审核。

8.2.3.4　信息公开落实情况检查

（1）检查内容

检查内容主要包括是否落实了信息公开，信息公开是否符合相关规范要求。主要检查信息公开的公开方式、时间节点、公开内容与排污许可证要求的相符性。

（2）检查方法

检查方法主要包括资料检查和现场检查，其中资料检查为查阅网站截图、照片或其他信息公开记录，现场检查为现场察看信息亭、电子屏幕、公示栏等场所。

8.3　现场检查指南

8.3.1　现场检查资料准备

现场执法检查前需了解企业基本情况，并对照企业排污许可证填写企业基本信息表（表8-4），标明被检查企业的单位名称、注册地址、生产经营场所和行业类别，根据企业实际情况勾选主要生产工艺，填写生产线数量以及单条生产线的规模。

表8-4　企业基本信息表

单位名称		注册地址	
生产经营场所地址		行业类别	
主要生产工艺	××生产线　生产线数量＿＿＿规模＿＿＿m²/a ××生产线　生产线数量＿＿＿规模＿＿＿m²/a ××生产线　生产线数量＿＿＿规模＿＿＿m²/a ××生产线　生产线数量＿＿＿规模＿＿＿m²/a （电镀生产线的名称按企业排污许可证登记的名称填写）		

8.3.2　电镀企业生产现场检查

以核发的排污许可证为基础，结合国家与地方对电镀行业的规范条件和环境管理要求，现场检查电镀企业的电镀生产线的数量、工艺、生产设施是否符合产业政策要求，是否存在国家明令淘汰的落后产品、工艺和生产设备；检查电镀槽液的回收方式；检查电镀工件的清洗方式是否符合清洁生产要求；检查电镀废水的收集是否做到分类分质，管线铺设是否做到"可视可控"；检查电镀废气（粉尘）是否进行了有效收集，是否采取了抑制或控制措施，最大限度地减少无组织排放；检查生产车间地面是否采取了防渗、防漏和防腐措施；检查生产现场是否存在"跑冒滴漏"与无组织排放现象；检查企业的废水处理设施和废气治理设施是否建设，并与电镀生产设施同时设计、同时施工、同时正常稳定运行；检查电镀企业是否按环境管理要求，配套建设了应急事故水池、初期雨水收集池和危险废物存放场所，以及日常管理的规范性。

电镀企业生产现场检查表见表 8-5。

表 8-5　电镀生产线现场检查表

生产现场					
序号	生产线数量与产排污节点	排污许可证载明的内容	现场实际情况	是否合规	备注
1	电镀生产线数量			是□ 否□	
2	电镀工艺			是□ 否□	
3	电镀生产设施			是□ 否□	
4	电镀槽液回收			是□ 否□	
5	电镀工件清洗			是□ 否□	
6	电镀废水收集与管线铺设			是□ 否□	
7	电镀废气（粉尘）收集			是□ 否□	
8	车间地面防渗、防漏和防腐			是□ 否□	
9	现场"跑冒滴漏"与无组织排放			是□ 否□	
10	应急事故水池			是□ 否□	
11	初期雨水收集池			是□ 否□	
12	污水处理设施			是□ 否□	
13	废气（粉尘）净化设施			是□ 否□	
14	危险废物收集、存放			是□ 否□	
15	其他检查内容			是□ 否□	

8.3.3　废水污染治理设施合规性检查

（1）废水排放口与排放去向检查

对照排污许可证，核实电镀废水、生活污水、雨水等实际排放口及排放去向与许可排放口的一致性。在检查是否有通过未经许可的排放口排放污染物的行为、废水排放口是否满足《排污口规范化整治技术要求》时，可参考并填写排放口与排放去向检查表，具体见表 8-6。

表 8-6 排放口与排放去向检查表

废水排放口						
排放口类别	排放口编码	排放去向		是否一致	排放口规范设置	备注
		排污许可证中排放去向	实际排放去向			
电镀废水				是☐ 否☐	是☐ 否☐	
生活污水				是☐ 否☐	是☐ 否☐	
雨水				是☐ 否☐	是☐ 否☐	

（2）废水治理措施检查

以核发的排污许可证为基础，在现场检查废水污染治理设施名称、工艺等与排污许可证登记事项的一致性，是否为可行技术时，可参考并填写电镀废水治理措施检查表，具体见表 8-7。

表 8-7 电镀废水治理措施检查表

污染治理措施					
废水类别	排污许可证载明的治理措施	实际治理措施	是否一致	是否可行技术	备注
酸碱废水			是☐ 否☐	是☐ 否☐	
含氰废水			是☐ 否☐	是☐ 否☐	
含六价铬废水			是☐ 否☐	是☐ 否☐	
重金属废水			是☐ 否☐	是☐ 否☐	
综合性电镀废水			是☐ 否☐	是☐ 否☐	
生活污水			是☐ 否☐	是☐ 否☐	
初期雨水			是☐ 否☐	是☐ 否☐	

（3）电镀废水治理措施运行情况检查

应检查电镀废水是否采取了分类收集与分质处理措施。按照电镀废水的类别和相应的治理工艺，对治理设施的运行情况进行检查。

1）含氰废水

检查含氰废水是否单独收集、单独处理。检查处理设施是否符合设计要求，实际处理效率是否满足设计要求；采用碱性氯化法处理的，检查一级处理和二级处理的 pH 值、氧化还原电位（ORP）控制是否合理；检查设施运行记录、监测记录、维护维修记录是否符合排污许可证环境管理台账的相关要求。

2）含铬废水

检查含六价铬废水是否单独收集、单独处理。检查处理设施是否符合设计要求，实际处理效率是否满足设计要求；采用化学还原法处理的，还原药剂采购、领用、日常消耗的量有一定规律性，检查这一规律性是否有异常波动，有异常波动时是否有正当理由并进行了相应记录；当含铬废水水质稳定时，污泥产生量与药剂消耗量有直接关系，通过检查污泥产生量与药剂消耗量的比例是否合理，判断处理设施是否正常运行；检查设施运行记录、监测记录、维护维修记录是否符合排污许可证环境管理台账的相关要求。

3）重金属废水

重金属电镀废水的处理方法有离子交换法、电解法、活性炭吸附法、化学中和混凝沉淀法、膜分离法、微生物法及组合工艺等。

①离子交换法。在检查离子交换法处理电镀废水时，应检查处理设施是否符合设计要求，实际处理效率是否满足设计要求；进出水 pH 值是否有异常波动，有异常波动时是否有正当理由并进行了相应记录；检查进水是否有油类、有机物和悬浮物，以防止油类、有机物和悬浮物等进入离子交换柱，以免污染树脂或堵塞树脂层，影响离子交换设施正常运行；检查设施运行记录、监测记录、维护维修记录是否符合排污许可证环境管理台账的相关要求。

②电解法。在检查电解法处理电镀废水时，应检查处理设施是否符合设计要求，实际处理效率是否满足设计要求；检查电解时间与单位电耗是否有异常波动，有异常波动时是否有正当理由并进行了相应记录；检查污泥产生量与进水水质水量的关系是否合理；检查处理设施运行记录、监测记录、维护维修记录是否符合排污许可证环境管理台账的相关要求。

③活性炭吸附。在检查活性炭吸附处理电镀废水时，应检查处理设施是否符合设计要求，实际处理效率是否满足设计要求；检查活性炭吸附容量是否有异常波动，有异常波动时是否有正当理由并进行了相应记录；检查废水 pH 值与吸附效果的关系是否合理；检查处理设施运行记录、监测记录、维护维修记录是否符合排污许可证环境管理台账的相关要求。

④化学中和混凝沉淀法。在检查化学中和混凝沉淀法处理电镀废水时，应检查处理设施是否符合设计要求，实际处理效率是否满足设计要求；检查进水浓度、药剂添加量与反应时间是否有异常波动，有异常波动时是否有正当理由并进行了相应记录；检查污泥产生量与处理水量的关系是否合理；检查处理设施运行记录、监测记录、维护维修记录是否符合排污许可证环境管理台账的相关要求。

⑤膜分离法。在检查膜分离法处理电镀废水时，应检查处理设施是否符合设计要求，实际处理效率是否满足设计要求；检查膜组件的透水率与分离率是否有异常波动，有异

常波动时是否有正当理由并进行了相应记录；检查淡水与浓水水量的关系是否合理；检查处理设施运行记录、监测记录、维护维修记录是否符合排污许可证环境管理台账的相关要求。

⑥微生物法。在检查微生物法处理电镀废水时，应检查处理设施是否符合设计要求，实际处理效率是否满足设计要求；检查生物活性是否有异常波动，有异常波动时是否有正当理由并进行了相应记录；检查微生物质量与处理水质水量的关系是否合理；检查处理设施运行记录、监测记录、维护维修记录是否符合排污许可证环境管理台账的相关要求。

⑦组合工艺。在检查采用组合工艺处理电镀废水时，应检查处理设施是否符合设计要求，实际处理效率是否满足设计要求；检查设施运行是否有异常波动，有异常波动时是否有正当理由并进行了相应记录；检查运行条件与控制参数是否合理；检查处理设施运行记录、监测记录、维护维修记录是否符合排污许可证环境管理台账的相关要求。

4）污泥脱水

对电镀污泥脱水设施运行情况检查时，应检查污泥脱水设施是否符合设计要求，实际脱水效率是否满足设计要求；检查污泥产生量与废水处理量的关系是否合理；检查脱水设施运行记录、产泥记录、维护维修记录是否符合排污许可证环境管理台账的相关要求。

对电镀废水治理设施进行检查时，可参考并填写电镀废水治理措施运行情况检查表和电镀污泥脱水设施运行情况检查表，具体见表 8-8 和表 8-9。

表 8-8　电镀废水治理措施运行情况检查表

分类收集、分质处理			
污染源	是否分类收集	是否分质处理	备注
电镀废水	是□ 否□	是□ 否□	644

化学氧化法处理					
污染源	处理效率/%		是否符合设计要求	一级处理和二级处理的 pH 值、ORP 控制是否合理	设施运行、监测、维护、维修记录是否合规	备注
	设计	实际			
含氰废水			是□ 否□	是□ 否□	是□ 否□

化学还原法处理						
污染物种类	处理效率/%		是否符合设计要求	还原药剂消耗量是否有异常波动	是否有正当理由并记录	污泥产生量与药剂消耗量的比例是否合理	设施运行、维护、维修记录是否合规	备注
	设计	实际					
含铬废水			是□ 否□	是□ 否□	是□ 否□	是□ 否□	是□ 否□

离子交换法处理

污染物种类	处理效率/%		是否符合设计要求	进出水 pH 值是否有异常波动	是否有正当理由并记录	进水是否有油类、有机物和悬浮物	设施运行、监测、维护、维修记录是否合规	备注
	设计	实际						
含铬废水			是□ 否□	是□ 否□	是□ 否□	是□ 否□	是□ 否□	
镀镍废水			是□ 否□	是□ 否□	是□ 否□	是□ 否□	是□ 否□	
含铜废水			是□ 否□	是□ 否□	是□ 否□	是□ 否□	是□ 否□	
含锌废水			是□ 否□	是□ 否□	是□ 否□	是□ 否□	是□ 否□	
含镉废水			是□ 否□	是□ 否□	是□ 否□	是□ 否□	是□ 否□	
含银废水			是□ 否□	是□ 否□	是□ 否□	是□ 否□	是□ 否□	
含铅废水			是□ 否□	是□ 否□	是□ 否□	是□ 否□	是□ 否□	

电解法处理

污染物种类	处理效率/%		是否符合设计要求	电解时间与单位电耗是否有异常波动	是否有正当理由并记录	污泥产生量与进水水质水量的关系是否合理	设施运行、监测、维护、维修记录是否合规	备注
	设计	实际						
含铬废水			是□ 否□	是□ 否□	是□ 否□	是□ 否□	是□ 否□	
含镍废水			是□ 否□	是□ 否□	是□ 否□	是□ 否□	是□ 否□	
含铜废水			是□ 否□	是□ 否□	是□ 否□	是□ 否□	是□ 否□	
含镉废水			是□ 否□	是□ 否□	是□ 否□	是□ 否□	是□ 否□	
含银废水			是□ 否□	是□ 否□	是□ 否□	是□ 否□	是□ 否□	
含铅废水			是□ 否□	是□ 否□	是□ 否□	是□ 否□	是□ 否□	

活性炭吸附处理

污染物种类	处理效率/%		是否符合设计要求	活性炭吸附容量是否有异常波动	是否有正当理由并记录	废水 pH 值与吸附效果的关系是否合理	设施运行、监测、维护、维修记录是否合规	备注
	设计	实际						
含铬废水			是□ 否□	是□ 否□	是□ 否□	是□ 否□	是□ 否□	
含镍废水			是□ 否□	是□ 否□	是□ 否□	是□ 否□	是□ 否□	
含铜废水			是□ 否□	是□ 否□	是□ 否□	是□ 否□	是□ 否□	
含银废水			是□ 否□	是□ 否□	是□ 否□	是□ 否□	是□ 否□	

化学中和混凝沉淀法处理

污染物种类	处理效率/%		是否符合设计要求	进水浓度、药剂添加量与反应时间是否有异常波动	是否有正当理由并记录	污泥产生量与处理水量的关系是否合理	设施运行、监测、维护、维修记录是否合规	备注
	设计	实际						
含三价铬废水			是□ 否□	是□ 否□	是□ 否□	是□ 否□	是□ 否□	
含镍废水			是□ 否□	是□ 否□	是□ 否□	是□ 否□	是□ 否□	
含铜废水			是□ 否□	是□ 否□	是□ 否□	是□ 否□	是□ 否□	
含锌废水			是□ 否□	是□ 否□	是□ 否□	是□ 否□	是□ 否□	
含镉废水			是□ 否□	是□ 否□	是□ 否□	是□ 否□	是□ 否□	

污染物种类	处理效率/%		是否符合设计要求	进水浓度、药剂添加量与反应时间是否有异常波动	是否有正当理由并记录	污泥产生量与处理水量的关系是否合理	设施运行、监测、维护、维修记录是否合规	备注
	设计	实际						
含铅废水			是□ 否□	是□ 否□	是□ 否□	是□ 否□	是□ 否□	
重金属混合废水			是□ 否□	是□ 否□	是□ 否□	是□ 否□	是□ 否□	含初期雨水
酸碱废水			是□ 否□	是□ 否□	是□ 否□	是□ 否□	是□ 否□	997

膜分离法处理								
污染物种类	处理效率/%		是否符合设计要求	膜组件的透水率与分离率是否有异常波动	是否有正当理由并记录	淡水与浓水水量的关系是否合理	设施运行、监测、维护、维修记录是否合规	备注
	设计	实际						
含铬废水			是□ 否□	是□ 否□	是□ 否□	是□ 否□	是□ 否□	
含镍废水			是□ 否□	是□ 否□	是□ 否□	是□ 否□	是□ 否□	
含铜废水			是□ 否□	是□ 否□	是□ 否□	是□ 否□	是□ 否□	
含镉废水			是□ 否□	是□ 否□	是□ 否□	是□ 否□	是□ 否□	
含银废水			是□ 否□	是□ 否□	是□ 否□	是□ 否□	是□ 否□	

微生物法处理								
污染物种类	处理效率/%		是否符合设计要求	微生物活性是否有异常波动	是否有正当理由并记录	微生物质量与处理水质水量的关系是否合理	设施运行、监测、维护、维修记录是否合规	备注
	设计	实际						
综合性电镀废水			是□ 否□	是□ 否□	是□ 否□	是□ 否□	是□ 否□	含生活污水、初期雨水

组合工艺技术处理								
污染物种类	处理效率/%		是否符合设计要求	设施运行是否有异常波动	是否有正当理由并记录	运行条件与控制参数是否合理	设施运行、监测、维护、维修记录是否合规	备注
	设计	实际						
电镀废水	1092	1093	是□ 否□	是□ 否□	是□ 否□	是□ 否□	是□ 否□	

表 8-9　电镀污泥脱水设施运行情况检查表

污泥脱水						
污染物种类	脱水效率/%		是否符合设计要求	污泥产生量与废水处理量的关系是否合理	设施运行、维护维修记录是否合规	备注
	设计	实际				
重金属废水			是□ 否□	是□ 否□	是□ 否□	
综合电镀废水			是□ 否□	是□ 否□	是□ 否□	

（4）污染因子达标情况检查

电镀企业各废水排放口污染物的排放浓度达标，是指任一有效日均值均满足许可排放浓度要求。各项废水污染物有效日均值采用自动监测、执法监测、企业自行开展的手工监测3种方法分类进行确定。对于监测数据存在超标的，须在后续的执法中重点关注。

常规因子自动监测达标情况检查表见表8-10，执法监测达标情况检查表见表8-11，手工自行监测达标情况检查表见表8-12。

表 8-10　污染因子自动监测达标情况检查表

监测手段	时间段	监测因子	监控点位	达标率/%	最大值/（mg/L）	是否达标	备注
自动监测		六价铬				是□ 否□	
1		总铬				是□ 否□	
1		总镍				是□ 否□	
1		总镉				是□ 否□	
1		总银				是□ 否□	
1		总铅				是□ 否□	
1		总汞				是□ 否□	
1		总铜				是□ 否□	
1		总锌				是□ 否□	
1		总氰化物				是□ 否□	
1		COD				是□ 否□	
1		氨氮				是□ 否□	
1		总氮				是□ 否□	
1		总磷				是□ 否□	
1		pH 值				是□ 否□	
1		流量				是□ 否□	
1		采用自动监测的其他因子				是□ 否□	

表 8-11　污染因子执法监测达标情况检查表

监测手段	时间段	监测因子	监测点位	监测次数	是否达标	超标次数	最大超标倍数	备注
		六价铬			是□ 否□			
		总铬			是□ 否□			
		总镍			是□ 否□			
执法监测		总镉			是□ 否□			
		总银			是□ 否□			
		总铅			是□ 否□			
		总汞			是□ 否□			
		总铜			是□ 否□			

监测手段	时间段	监测因子	监测点位	监测次数	是否达标	超标次数	最大超标倍数	备注
执法监测		总锌			是□ 否□			
		总铁			是□ 否□			
		总铝			是□ 否□			
		pH 值			是□ 否□			
		化学需氧量			是□ 否□			
		氨氮			是□ 否□			
		总氮			是□ 否□			
		总磷			是□ 否□			
		总氰化物			是□ 否□			
		氟化物			是□ 否□			
		悬浮物			是□ 否□			
		石油类			是□ 否□			
		流量			是□ 否□			

表 8-12   污染因子手工自行监测达标情况检查表

监测手段	时间段	监测因子	监测点位	监测次数	是否达标	超标次数	最大超标倍数	备注
手工自行监测		六价铬			是□ 否□			
		总铬			是□ 否□			
		总镍			是□ 否□			
		总镉			是□ 否□			
		总银			是□ 否□			
		总铅			是□ 否□			
		总汞			是□ 否□			
		总铜			是□ 否□			
		总锌			是□ 否□			
		总铁			是□ 否□			
		总铝			是□ 否□			
		pH 值			是□ 否□			
		化学需氧量			是□ 否□			
		氨氮			是□ 否□			
		总氮			是□ 否□			
		总磷			是□ 否□			
		总氰化物			是□ 否□			
		氟化物			是□ 否□			
		悬浮物			是□ 否□			
		石油类			是□ 否□			
		流量			是□ 否□			

（5）污染物实际排放量与许可排放量的一致性检查

在检查电镀废水中六价铬、总铬、总镍、总镉、总银、总铅、总汞、总铜、总锌、COD、氨氮、总氮、总磷的实际排放量是否满足年许可排放量要求时，可参考并填写污染物实际排放量与许可排放量一致性检查表，具体见表8-13。

表8-13　电镀水污染物实际排放量与许可排放量一致性检查表

污染物	许可排放量/（t/a）	实际排放量/（t/a）	是否满足许可要求	备注
六价铬			是□　否□	
总铬			是□　否□	
总镍			是□　否□	
总镉			是□　否□	
总银			是□　否□	
总铅			是□　否□	
总汞			是□　否□	
总铜			是□　否□	
总锌			是□　否□	
化学需氧量			是□　否□	
氨氮			是□　否□	
总氮			是□　否□	
总磷			是□　否□	

8.3.4　废气污染治理设施合规性检查

（1）废气排放口检查

对照排污许可证，核实废气实际排放口与许可排放口的一致性，检查是否有通过未经许可的排放口排放污染物的行为，废气有组织排放口是否满足《排污口规范化整治技术要求》时，可参考并填写废气排放口检查表，具体见表8-14。

表8-14　有组织废气排放口检查表

废气排放口								
排放口类别	排放口编码	地理坐标			排放口规范设置			备注
		排污许可证	实际	是否一致	是否合规	标识牌	高度/m	
电镀废气排放口1				是□　否□	是□　否□	有□　无□		
电镀废气排放口2				是□　否□	是□　否□	有□　无□		
电镀废气排放口3				是□　否□	是□　否□	有□　无□		
……				是□　否□	是□　否□	有□　无□		

（2）废气污染治理措施

对电镀废气污染治理措施进行检查时，可参考并填写电镀废气污染治理措施检查表，具体见表 8-15。

表 8-15　电镀废气污染治理措施检查表

采样孔、采样监测平台设置			
污染源	采样孔规范设置	采样监测平台规范设置	备注
电镀废气	是□ 否□	是□ 否□	

污染治理措施						
污染源	污染因子	排污许可证载明治理措施	实际治理措施	是否可行技术	是否合规	备注
电镀废气	氯化氢			是□ 否□	是□ 否□	
	氮氧化物			是□ 否□	是□ 否□	
	硫酸雾			是□ 否□	是□ 否□	
	铬酸雾			是□ 否□	是□ 否□	
	氰化氢			是□ 否□	是□ 否□	
	氟化物			是□ 否□	是□ 否□	

在对电镀废气污染治理措施运行情况进行检查时，可参考并填写电镀废气污染治理措施运行情况检查表，具体见表 8-16。

表 8-16　电镀废气污染治理措施运行情况检查表

铬雾回收							
污染源	回收效率/%		是否符合设计要求	稀铬酸回收量是否有异常波动	是否有正当理由并记录	运行、维修、维护是否有记录	是否合规	备注
	设计	实际						
铬酸雾废气			是□ 否□	是□ 否□	是□ 否□	是□ 否□	是□ 否□	

吸收、吸附							
污染源	处理效率/%		是否符合设计要求	pH、药剂使用量是否有异常波动	是否有正当理由并记录	运行、维修、维护是否有记录	是否合规	备注
	设计	实际						
含氰废气			是□ 否□	是□ 否□	是□ 否□	是□ 否□	是□ 否□	
硫酸雾废气、盐酸雾废气			是□ 否□	是□ 否□	是□ 否□	是□ 否□	是□ 否□	
硝酸雾废气			是□ 否□	是□ 否□	是□ 否□	是□ 否□	是□ 否□	
氢氟酸废气			是□ 否□	是□ 否□	是□ 否□	是□ 否□	是□ 否□	

布袋除尘							
污染源	除尘效率/%		是否符合设计要求	除尘设施运行是否有异常波动	是否有正当理由并记录	是否有明显可见尘烟	是否合规	备注
	设计	实际						
磨抛光粉尘			是□ 否□	是□ 否□	是□ 否□	是□ 否□	是□ 否□	

在对电镀废气达标情况进行检查时，可参考并填写电镀废气达标情况检查表，具体见表 8-17。

表 8-17　电镀废气达标情况检查表

污染源	污染因子	自动监测实时数据是否达标	自动监测历史数据是否达标	手工监测数据是否达标	执法监测数据是否达标	备注
电镀废气	氯化氢	是□ 否□	是□ 否□	是□ 否□	是□ 否□	
	氮氧化物	是□ 否□	是□ 否□	是□ 否□	是□ 否□	
	硫酸雾	是□ 否□	是□ 否□	是□ 否□	是□ 否□	
	铬酸雾	是□ 否□	是□ 否□	是□ 否□	是□ 否□	
	氰化氢	是□ 否□	是□ 否□	是□ 否□	是□ 否□	
	氟化物	是□ 否□	是□ 否□	是□ 否□	是□ 否□	

在对电镀设施非正常工况进行检查时，可参考并填写电镀设施非正常工况检查表，具体见表 8-18。

表 8-18　电镀设施非正常工况检查表

污染源	非正常工况要求	是否符合	备注
电镀设施	生产设施、废气收集设施和污染治理设施应同步运行。废气收集设施和污染治理设施发生故障或检修时，应停止运转对应的电镀生产工艺设备	是□ 否□	

在对电镀设施无组织废气污染防治情况进行检查时，可参考并填写电镀设施无组织废气污染防治检查表，具体见表 8-19。

表 8-19　电镀设施无组织废气污染防治措施检查表

序号	无组织废气排放节点	治理措施		是否合规	备注
		排污许可证载明治理措施	实际治理措施		
1	敞口镀槽挥发的酸性或碱性气体			是□ 否□	
2	其他易挥发的物料储存			是□ 否□	
3	电镀废水集中式处理设施产生的恶臭气体			是□ 否□	
达标情况					
判定依据				是否达标	备注
现有监测数据				是□ 否□	

注：无组织废气排放节点指排污许可证中含有的相关内容。

（3）污染物排放浓度与许可浓度的一致性检查

在对有组织废气达标情况进行检查时，可参考并填写有组织废气达标情况检查表，具体见表 8-20。

表 8-20　有组织废气达标情况检查表

污染源	污染因子	自动监测实时数据是否达标	自动监测历史数据是否达标	手工监测数据是否达标	执法监测数据是否达标	备注
电镀废气	氯化氢	—	—	是□ 否□	是□ 否□	
	氮氧化物	—	—	是□ 否□	是□ 否□	
	硫酸雾	—	—	是□ 否□	是□ 否□	
	铬酸雾	—	—	是□ 否□	是□ 否□	
	氰化氢	—	—	是□ 否□	是□ 否□	
	氟化氢	—	—	是□ 否□	是□ 否□	
	粉尘	—	—	是□ 否□	是□ 否□	

8.3.5　环境管理执行情况合规性检查

（1）自行监测执行情况检查

在对自行监测情况进行检查时，可参考表 8-21。

表 8-21　自行监测执行情况现场检查表

序号	自行监测内容	排污许可证要求	实际执行	是否合规	备注
1	监测点位			是□ 否□	
2	监测指标			是□ 否□	
3	监测频次			是□ 否□	

（2）环境管理台账记录情况检查

对环境管理台账情况进行检查时，可参考表 8-22。

表 8-22　环境管理台账记录情况执行现场检查表

序号	台账记录内容	排污许可证要求	实际执行	是否合规	备注
1	记录内容			是□ 否□	
2	记录频次			是□ 否□	
3	记录形式			是□ 否□	
4	台账保存时间			是□ 否□	

（3）执行报告上报情况检查

在对执行报告情况进行检查时，可参考表8-23。

表8-23　执行报告上报情况执行现场检查表

序号	执行报告内容	排污许可证要求	实际执行	是否合规	备注
1	上报内容			是□ 否□	
2	上报频次			是□ 否□	

（4）信息公开情况检查

在对信息公开情况进行检查时，可参考表8-24。

表8-24　信息公开情况执行现场检查表

序号	信息公开要求	排污许可证要求	实际执行	是否合规	备注
1	公开方式			是□ 否□	
2	时间节点			是□ 否□	
3	公开内容			是□ 否□	

8.4　支撑企业运行管理

我国的《排污许可管理办法》（环境保护部令　第48号）第二十九条规定，排污许可证核发部门应当对排污单位的申请材料进行审核，"采用的污染防治设施或者措施有能力达到许可排放浓度要求"是向排污单位核发排污许可证的必要条件之一。《可行技术指南》明确了能够使污染物排放稳定达到或优于国家污染物排放标准的污染预防技术、污染治理技术及环境管理措施，对核发部门审核排污许可证的申请与核发具有重要的指导意义。此外，在证后监管、证后执法等排污许可制度管理实践活动中，《可行技术指南》具备详细、明确的现场执法细则和运行管理要求，可有效帮助环境管理部门进行现场监管操作。

因此，《可行技术指南》可以较好地支撑排污许可证的核发工作，在实践过程中具有较强的现实意义。

8.4.1　运行管理要求

8.4.2　废气有组织排放控制要求

1）生产工艺设备、废气收集系统以及污染治理设施应同步运行。废气收集系统或污染治理设施发生故障或检修时，应停止运转对应的生产工艺设备，待检修完毕后共同投入使用。

2）加强污染治理设备巡检，消除设备隐患，保证正常运行。布袋除尘器应定期更换滤袋；喷淋塔吸收液要按工艺要求定期投加，并应监测吸收液 pH 值。铬酸雾净化塔拦截的铬酸应及时回收。填料塔、湍球塔、筛板塔中的填料应按时更换或补充。

8.4.3　废气无组织排放控制要求

1）电镀工业排污单位应采取措施，减少"跑冒滴漏"和无组织排放。对于镀槽敞口挥发的酸性和碱性废气应采取抑制措施，并通过抽风收集处理后，经排气筒排放。

2）露天贮煤场、灰渣场应配备防风抑尘网、喷淋、洒水、苫盖等抑尘措施。煤粉、石灰或石灰石粉等粉状物料须采用封闭料库存贮。

8.4.4　废水运行管理要求

电镀工业排污单位应当按照相关法律法规、标准规范等要求，运行生产设施和废水治理设施，并进行维护和管理，保证废水治理设施正常运行。

1）改进挂具和镀件的吊挂方式，减少镀液带出量，降低清洗水的浓度；工件出镀槽时，增加空气吹脱设施，减少镀液带出量；生产线上增设镀液回收装置，回收电镀液。

2）采取槽边处理方式进行清洗水回用；改进清洗方法，如喷雾或喷淋清洗；自动控制清洗水补水。

3）电镀生产设施、废水收集系统以及废水治理设施应同步运行。在废水收集系统或废水治理设施发生故障或检修时，应停止运转对应的电镀生产设施，待检修完毕后共同投入使用。

4）加强废水治理设施巡检，消除设备隐患，保证正常稳定运行。

5）规范废水处理设施开停机记录、维修巡检记录、药剂使用记录、污泥产生-内部贮存记录、处理前后水质水量监测记录，要求记录规范，内容完整。

6）电镀污泥按照危险废物管理要求运输、贮存和处置，并建立健全管理制度。电（退）镀废槽液，需单独收集后交有资质的单位处理。

7）按要求安装在线监控设备，并对在线监控设备进行定期保养、维护和校正，做好记录，保证在线监控设备正常运行。

8）硫酸、盐酸、硝酸等酸罐（桶）室外贮存区应采取防雨淋、防流失、防腐蚀、防渗漏措施，设置围堰、收集管阀和应急收集池。

9）设置应急事故水池和雨水收集池。

10）初期雨水的收集时间宜为 15 min，收集的初期雨水应经处理达标后排放。

第三部分

炼焦化学工业污染防治可行技术支撑

排污许可管理技术手册

9　主要生产工艺及产污环节

9.1　行业概况

我国焦化行业生产工艺主要包括常规焦炉炼焦、热回收焦炉炼焦及半焦（兰炭）炭化炉炼焦 3 种。其中采用常规焦炉炼焦工艺的企业数量最多，其产能约占整个焦化行业的90%。炭化室高 6 m 及以上的焦炉产能占全国常规焦炭总产能的 28%，炭化室高 4.3 m 的焦炉产能占全国常规焦炭总产能的 48%。

产能主要分布在山西、陕西、河北、山东和内蒙古自治区，其中山西、陕西和内蒙古煤炭资源丰富，河北和山东是钢铁生产大省，我国焦化行业布局受上下游行业影响较大。

企业规模以中小型焦化企业为主，且大多数以独立焦化企业形式存在。以小型焦化企业（100 万 t/a 及以下）、中型焦化企业（100 万～200 万 t/a）和大型焦化企业（200 万 t/a 以上）分类，根据 2017 年的统计数据，除半焦（兰炭）企业外，我国小型焦化企业占焦化企业总数的 63%，小型焦化企业中独立焦化企业占比 93%；中型焦化企业占焦化企业总数的 23%，其独立焦化企业占比 87%。

9.2　主要生产工艺和产污环节

9.2.1　常规焦炉

9.2.1.1　生产工艺及设备

常规焦炉是指炭化室、燃烧室分设，炼焦煤隔绝空气间接加热干馏成焦炭和焦炉煤气，并设有煤气净化、化学产品回收的生产装置。装煤方式分为顶装和侧装捣固。生产单元主要包括备煤、炼焦、熄焦、焦炭处理、煤气净化、公用及辅助等单元。

备煤单元可分为原料煤贮存系统和备煤系统。原料煤在煤场或筒仓等贮存系统贮存，然后进入备煤系统经过粉碎、筛分、配煤及转运等过程至炼焦单元。

炼焦单元包括焦炉炼焦系统。主要生产设施为焦炉，配套有装煤车、推焦机、拦焦机、熄焦车等。煤料经合理配比后，装入焦炉炭化室中（顶装煤工艺）或捣固成煤饼后装入炭化室中（侧装捣固工艺），经过高温干馏生成焦炭和荒煤气，焦炭转运至熄焦单元进行处理，荒煤气进入煤气净化系统。

熄焦单元分为湿熄焦和干熄焦及余热回收两种工艺。湿熄焦工艺是指焦炭在熄焦塔中经水喷洒后熄焦；干熄焦工艺是指焦炭在干熄炉内与惰性气体进行热交换，冷却后焦炭转运至焦炭处理单元，惰性气体送余热锅炉换热后产生蒸汽送发电系统发电。

焦炭处理单元分为焦炭转运、筛分系统和焦炭贮存系统。熄焦处理后的焦炭转运至筛焦设施，经筛分处理后送贮焦场或焦仓等贮存系统中贮存。

煤气净化单元主要分为冷凝鼓风系统、脱硫系统、氨回收系统、粗苯回收系统等，各系统生产得到的副产品暂存于冷鼓、库区各类储槽中。各生产企业可根据生产实际采用不同的工艺组合。

公用及辅助单元包括供汽系统、循环冷却系统、贮罐系统和辅助系统等，承担全厂的供汽、循环水制冷及产品贮存等功能。

9.2.1.2 产污环节

（1）废气污染物

1）备煤单元和焦炭处理单元：原料煤和焦炭装卸、转运、破碎、筛分过程中产生的颗粒物；精煤和焦炭堆场产生的无组织扬尘。

2）炼焦单元：焦炉燃烧回炉煤气产生的颗粒物、二氧化硫和氮氧化物；焦炉烟气干法脱硫处理时脱硫剂储仓振打装置产生的粉尘；装煤过程中产生的颗粒物、二氧化硫和苯并[a]芘；推焦过程中产生的颗粒物、二氧化硫；焦炉炉体煤气泄漏（装煤、出焦、炉顶、炉门、上升管等）产生的无组织颗粒物、二氧化硫、硫化氢、苯并[a]芘、苯可溶物、一氧化碳；焦炉炉体窜漏及装煤推焦过程中无组织散逸产生的颗粒物、苯并[a]芘、苯可溶物、氨、硫化氢等。

3）熄焦单元：干熄焦系统在熄焦槽顶盖装焦处、熄焦槽顶部预存放散口、底部排焦处、排焦胶带机落料点等处产生的颗粒物、二氧化硫；循环风机放散气和排焦溜槽烟气产生的颗粒物、二氧化硫；湿熄焦过程中形成大量的水汽中夹带的颗粒物、苯并[a]芘、苯可溶物、硫化氢等污染物。

4）煤气净化单元：各类贮槽呼吸阀和放散口处挥发的无组织苯、苯并[a]芘、氰化氢、酚类、非甲烷总烃、氨和硫化氢等；苯贮罐挥发的无组织苯和非甲烷总烃；粗苯管式炉、氨分解炉等燃用煤气设备产生的颗粒物、二氧化硫和氮氧化物；脱硫再生塔产生的氨、硫化氢；硫铵结晶干燥过程中产生的颗粒物和氨。

5）脱硫废液处理：提盐过程中废液贮罐散逸、硫黄过滤产生的无组织游离氨气；氧化过程中产生的二氧化硫；除盐工序产生的氨气；制酸过程中吸收塔产生的二氧化硫、氮氧化物和硫酸雾；干燥过程中产生的氨、硫化氢。

6）污水处理站：重力除油池、事故调节池、浮选池、缺氧池、污泥脱水机房等产生的氨、硫化氢、臭气、非甲烷总烃等废气。

（2）废水污染物

1）熄焦单元：干熄焦及余热发电净循环水系统排污水，水温高，含有一定盐类；湿熄焦过程中产生的熄焦废水，主要污染因子为 pH 值、悬浮物、化学需氧量（CODₒᵣ）、氨氮、挥发酚及氰化物等。

2）煤气净化单元：化产工序产生的剩余氨水、各类水封水、粗苯分离水、终冷排污水、蒸氨废水等生产废水，主要污染因子为 pH 值、悬浮物、化学需氧量（COD_{Cr}）、氨氮、五日生化需氧量（BOD_5）、总氮、总磷、石油类、挥发酚、硫化物、苯、氰化物、多环芳烃（PAHs）、苯并[a]芘；化产和制冷循环水系统的净排水，主要含有盐类物质，污染成分较少。

3）脱硫废液处理：脱硫废液制酸在炉气酸洗净化过程中，会产生少量稀酸；在设备检修及地面冲洗时，会产生少量酸性污水；脱硫废液提盐工段蒸汽冷凝水、脱硫废液处理装置排水，主要污染物为氨氮、化学需氧量和悬浮物。

4）车间地坪和设备冲洗水，主要含有化学需氧量（COD_{Cr}）、氨氮、石油类等污染物。

5）生活化验污水，污染物为化学需氧量（COD_{Cr}）、五日生化需氧量、氨氮、悬浮物等。

6）初期雨水，主要污染物有化学需氧量（COD_{Cr}）、氨氮、挥发酚、氰化物、悬浮物等。

（3）固体废物

1）各除尘系统收集的粉尘；

2）焦炉烟气脱硫脱硝系统产生的脱硫灰和废脱硝催化剂；

3）熄焦沉淀池中的粉焦；

4）机械化澄清槽或立式焦油氨水分离器产生的焦油渣；

5）蒸氨塔产生的蒸氨残渣；

6）硫铵工段产生的酸焦油；

7）洗脱苯工段产生的洗油再生渣；

8）脱硫工段产生的脱硫废液；

9）洗脱苯再生器排出的脱苯残渣；

10）废水处理产生的废油渣和生化污泥；

11）脱硫废液制酸产生的废催化剂和废活性炭；

12）脱硫废液提盐产生的废活性炭；

13）办公、生活产生的生活垃圾。

其中，废脱硝催化剂、粉焦、焦油渣、蒸氨残渣、酸焦油、再生渣、脱硫废液、脱苯残渣、废水处理产生的生化污泥、脱硫废液处理的废催化剂和废活性炭均为危险废物。除尘灰、脱硫副产物、生化污泥等，需按照国家规定的危险废物鉴别标准和鉴别方法予以认定。

（4）噪声

炼焦化学工业排污单位中各类噪声源众多，主要噪声源有破碎机、筛分机、煤气鼓风机、冷却塔、各种风机及泵类等，噪声源声功率级较大。

部分企业通过工艺技术创新，取缔了部分产排污环节。例如，通过改变粗苯工段洗油的排渣方式，消除了粗苯再生残渣；采用洗油-蒸汽换热器取缔了粗苯管式炉；采用返回吸煤气管道技术消除了各类贮罐挥发性有机污染物的放散。

常规焦炉的工艺流程及产排污环节见图 9-1，干熄焦工艺流程见图 9-2，主要生产设施见表 9-1。

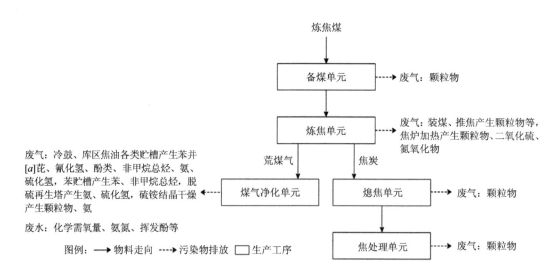

图 9-1 常规焦炉工艺流程及产排污环节

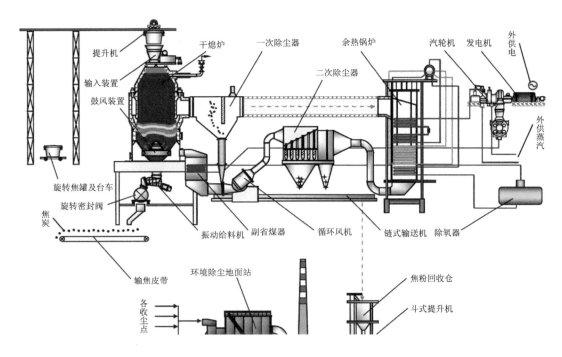

图 9-2　干熄焦工艺流程

表 9-1　常规焦炉主要生产设施实景

序号	主要设备	实景图片
1	煤场	

序号	主要设备	实景图片
2	配煤仓	
3	粉碎机	
4	焦炉	

序号	主要设备	实景图片
5	装煤车 （侧装/顶装）	
6	推焦机	
7	装煤推焦一体机	

序号	主要设备	实景图片
8	拦焦车	
9	熄焦塔	

序号	主要设备	实景图片
10	干熄炉	
11	初冷器（右）+电捕焦油器（左）	

序号	主要设备	实景图片
12	焦油氨水分离装置	
13	蒸氨塔	
14	硫铵饱和器	

序号	主要设备	实景图片
15	煤气脱硫塔	
16	终冷塔（左）+洗苯塔（右）	
17	脱苯塔	

序号	主要设备	实景图片
18	粗苯管式炉	
19	脱硫废液提盐装置	
20	脱硫废液制酸装置	

序号	主要设备	实景图片
21	污水处理站	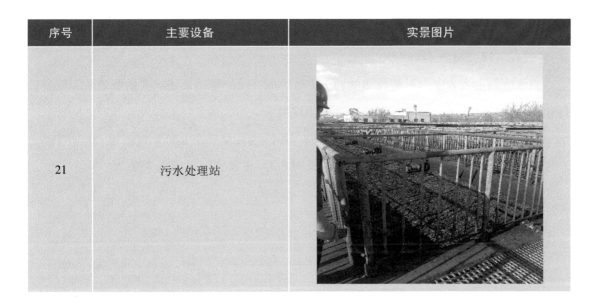

9.2.2　热回收焦炉

9.2.2.1　生产工艺及设备

热回收焦炉是指焦炉炭化室微负压操作，机械化捣固、装煤、出焦，回收利用炼焦燃烧尾气余热的焦炭生产装置。焦炉结构形式分为立式和卧式。生产单元主要包括备煤、炼焦、熄焦、焦炭处理和余热回收等单元。

备煤单元、熄焦单元和焦炭处理单元均与常规焦炉相同。

炼焦单元包括焦炉炼焦系统。主要生产设施为焦炉，配套有装煤推焦车、熄焦车等。煤料在焦炉炭化室中经过高温干馏，生成荒煤气及焦炭，荒煤气在焦炉燃烧室内燃烧，燃烧后烟气进入余热回收系统，焦炭转运至熄焦单元。

余热回收单元主要生产设施有余热锅炉、汽轮机、发电机、汽轮机凝汽设备等。烟气进入余热回收系统换热后产生蒸汽，送发电系统发电。

9.2.2.2　产污环节

热回收焦炉主要废气污染物为备煤单元原料煤卸料、转运、破碎和筛分过程中产生的颗粒物；炼焦单元焦炉燃烧煤气产生的颗粒物、二氧化硫和氮氧化物，装煤过程中产生的颗粒物、二氧化硫和苯并[a]芘，推焦过程中产生的颗粒物、二氧化硫，焦炉炉体无组织散逸的颗粒物、苯并[a]芘、苯可溶物、氨、硫化氢等；熄焦单元干熄焦过程中产生的颗粒物、二氧化硫；焦炭处理单元焦炭转运、破碎、筛分过程中产生的颗粒物。

该炉型无煤气净化环节不产生焦化废水。废水污染物主要来自熄焦单元湿熄焦过程中产生的熄焦废水，主要污染因子为 pH 值、悬浮物、化学需氧量（COD_{Cr}）、氨氮、挥发酚及氰化物等，以及余热回收单元产生的余热锅炉排污水，主要污染因子为悬浮物和化学需氧量等。

固体废物主要为除尘系统收集的粉尘、焦炉烟气脱硫脱硝系统产生的脱硫灰和废脱硝催化剂、熄焦沉淀池中的粉焦以及少量生活垃圾等。

噪声源主要有破碎机、筛分机、发电机、各种风机及泵类等。

热回收焦炉的工艺流程及产排污环节见图 9-3，主要生产设施见表 9-2。

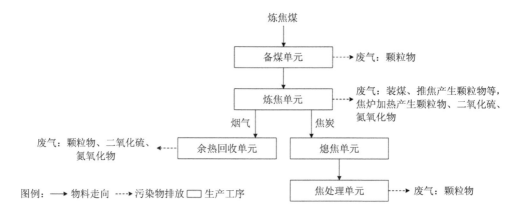

图 9-3　热回收焦炉工艺流程及产排污环节

表 9-2　热回收焦炉主要设施实景

序号	主要设备	实景图片
1	焦炉（热装热出）	

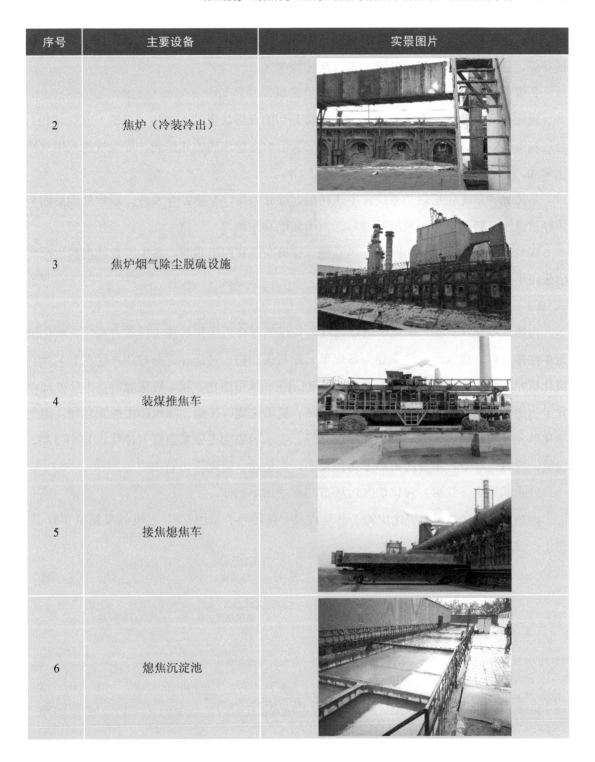

序号	主要设备	实景图片
2	焦炉（冷装冷出）	
3	焦炉烟气除尘脱硫设施	
4	装煤推焦车	
5	接焦熄焦车	
6	熄焦沉淀池	

9.2.3 半焦（兰炭）炭化炉

9.2.3.1 生产工艺及设备

半焦（兰炭）炭化炉是指将原料煤中低温干馏成半焦（兰炭）和焦炉煤气，并设有煤气净化、化学产品回收工序的生产装置。加热方式分为内热式和外热式。生产单元主要包括备煤、炭化、熄焦、半焦处理、煤气净化等单元。

备煤单元、公用及辅助单元与常规焦炉类似。

炭化单元主要生产设施为炭化炉。经筛分后的合格块煤装入半焦（兰炭）炭化炉内，经过高温干馏生成荒煤气及半焦，半焦一般采用炉内熄焦的方式熄焦，荒煤气进入煤气净化单元。

半焦处理单元包括烘干系统，半焦转运、筛分系统，半焦贮存系统。熄焦处理后的半焦经过烘干，转运至筛焦系统处理后送至半焦贮存系统。

煤气净化单元主要分为冷凝鼓风系统、脱硫系统和脱氨系统，各生产企业根据生产实际采用不同的工艺组合。

9.2.3.2 产污环节

内热式半焦（兰炭）炭化炉燃烧废气与荒煤气混合后送往后续工段综合利用，炭化炉无单独排放口。废气污染物主要为备煤单元原料煤卸料、转运和筛分过程产生的颗粒物；炭化单元炭化炉炉体处散逸的颗粒物、苯并[a]芘、苯可溶物、氨、硫化氢等；半焦处理单元半焦烘干过程中产生的颗粒物、二氧化硫、氮氧化物，排焦、筛焦产生的颗粒物；煤气净化单元各类贮槽产生的酚类、非甲烷总烃。废水污染物主要来自煤气净化过程中冷凝、脱硫、脱氨等环节，主要污染因子为挥发酚、氰化物、硫化物、石油类等。

外热式半焦（兰炭）炭化炉产污环节与常规焦炉相似。

内热式半焦（兰炭）炭化炉的工艺流程及产排污环节见图9-4，三维效果见图9-5，主要生产设施见表9-3。

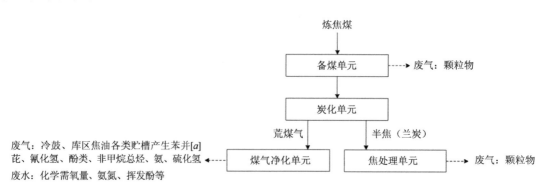

图9-4 半焦（兰炭）炭化炉工艺流程及产排污环节

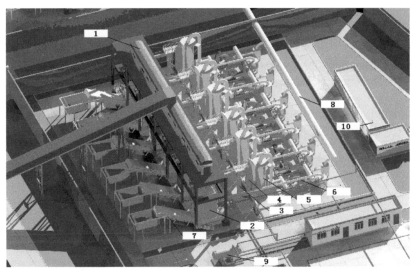

1. 备煤楼；2. 干馏炉；3. 文丘里塔；4. 旋流板塔；5. 电捕焦油器；6. 煤气风机；
7. 煤气烘干机；8. 剩余煤气总管；9. 列管式换热器；10. 主控制室。

图 9-5　半焦（兰炭）炭化厂三维效果

表 9-3　半焦（兰炭）炭化炉主要生产设施实景

序号	主要设备	实景图片
1	半焦（兰炭）炭化炉	
2	熄焦池	

10 污染治理设施

10.1 废气污染治理措施

10.1.1 有组织排放废气

（1）除尘

备煤单元炼焦煤受卸料及转运点、煤（破）粉碎机（筛分）前后等处设置袋式除尘设施；炼焦单元装煤、出焦、机侧炉门等处设置袋式除尘设施（除尘地面站）；熄焦单元干熄焦装入口、循环风机放散气体、预存室放散气体等处设置袋式除尘设施（除尘地面站）；焦处理单元焦炭转运、筛分、贮存等处设置袋式除尘设施（除尘地面站）。

1）袋式除尘器

袋式除尘技术是利用纤维织物的拦截、惯性、扩散、重力、静电等协同作用对含尘气体进行过滤的技术，包括普通袋式除尘和覆膜袋式除尘。当含尘气体进入袋式除尘器后，颗粒大、比重大的烟尘由于重力的作用沉降下来，落入灰斗，含有较细小粉尘的气体在通过滤料时烟尘被阻留，使气体得到净化，随着过滤的进行，阻力不断上升，需进行清灰。该技术不受焦煤煤种、烟尘比电阻和烟气工况变化影响，可实现较为稳定的排放水平。对于空气湿度较高的地区，为防止煤粉黏结在除尘器内壁，应对除尘器灰斗采取加热保温措施。

对于普通袋式除尘技术，除尘效率在 99.5% 以上，颗粒物排放浓度可以达到 30 mg/m^3 以下，过滤风速一般控制在 1.1 m/min 以下；对于覆膜袋式除尘技术，除尘效率为 99.9% 以上，颗粒物排放浓度可以达到 10 mg/m^3 以下，过滤风速一般控制在 0.8 m/min 以下。滤袋寿命一般为 1～2 年。

2）旋风、湿法联合除尘器

煤气净化单元硫铵干燥尾气采用旋风、湿法联合除尘技术除尘。旋风除尘原理是使含颗粒物的气流做旋转运动，借助离心力将颗粒物从气流中分离并捕集于器壁，再借助重力作用使颗粒物落入灰斗。硫铵干燥尾气先经干式旋风除尘器去除大部分颗粒物，再用水进行连续循环喷洒，进一步去除残留颗粒物，最后经捕雾器去除液滴。

除尘效率可达 95%以上，颗粒物排放浓度≤80 mg/m³；氨去除率可达 96%以上，氨排放浓度≤30 mg/m³。

各除尘器实景及原理示意图片见表 10-1。

表 10-1 除尘器实景及原理示意图片

序号	设备类型	实景/示意图片
1	袋式除尘器 （地面除尘站）	
2	旋风、湿法联合除尘器	

（2）脱硫

焦炉烟气脱硫技术分为干法、半干法、湿法、活性炭（焦）法、新型催化脱硫技术等类型；粗苯管式炉、半焦烘干和氨分解炉等设施燃用净化后焦炉煤气，净化后焦炉煤气中总硫含量≤150 mg/m³。湿法脱硫工艺选择使用钙基、氨等碱性物质作为液态吸收剂，在实现 SO₂ 达标排放的同时，具有协同除尘功效。干法、半干法脱硫工艺主要采用干态物质（如消石灰等）吸收、吸附烟气中 SO₂。

1）干法脱硫技术

以粉状碳酸氢钠等作为脱硫剂，经流态化装置喷射进入烟气管道；碳酸氢钠分解形成具有微孔结构的碳酸钠颗粒，并与烟气中二氧化硫发生化学反应，脱除二氧化硫。钙硫比（摩尔比）一般控制在 1.2～1.5，烟气温度一般为 100～320℃。脱硫效率可达 80%以上，二氧化硫排放浓度可以达到 30 mg/m³ 以下。干法脱硫会产生脱硫副产物。

2）半干法脱硫技术

以碳酸钠、生石灰或熟石灰等作为脱硫剂，将其配制成一定浓度的溶液或浆液，通过雾化或流化的方式与烟气混合，发生酸碱反应，脱除二氧化硫。钠硫比、钙硫比（摩尔比）一般控制在 1.1～1.4，烟气温度通常保持露点温度在 10～30℃。脱硫效率可达 80%以上，二氧化硫排放浓度可以达到 30 mg/m³ 以下。半干法脱硫会产生脱硫副产物。

3）湿法脱硫技术

湿法脱硫技术包括石灰石/石膏法、氨法、镁法、双碱法等，分别以石灰石/石灰浆液、氨水、氧化镁（与水混合）、氢氧化钠等溶液作为脱硫剂，通过洗涤或喷淋的方式与烟气接触，发生酸碱反应，脱除二氧化硫。钙硫比一般控制在 1.02～1.15，吸收塔喷淋层一般不少于 2 层，压力降一般小于 1 500 Pa，液气比达到设计要求。脱硫效率可达 90%以上，二氧化硫排放浓度可以达到 30 mg/m³ 以下。湿法脱硫会产生脱硫副产物，氨法脱硫有氨逃逸现象。

4）活性炭（焦）技术

通过活性炭（焦）吸附烟气中的二氧化硫、水、氧气等物质，在活性炭（焦）的催化、氧化作用下生成硫酸并吸附在其表面或孔隙内；当活性炭（焦）接近饱和状态时，可通过热解再生恢复性能，再生废气可用于生产硫铵或制酸。活性炭（焦）在输送转运和热解再生过程中产生损耗，需补充更新。

脱硫效率达 95%以上，二氧化硫浓度可以达到 10 mg/m³ 以下。

5）新型催化脱硫技术

在脱硫载体上负载活性催化成分，在催化作用下烟气中的水分、氧气、二氧化硫反应生成低浓度的硫酸，脱硫再生是在同一个塔内用水冲洗进行，通常留有备用脱硫塔。

脱硫效率达 95%以上，二氧化硫浓度可以达到 30 mg/m³ 以下。新型催化脱硫会产生废催化剂。

脱硫工艺实景及技术流程示意图片见表 10-2。

表 10-2　脱硫工艺实景及技术流程示意图片

序号	设备类型	实景/示意图片
1	烟气脱硫塔	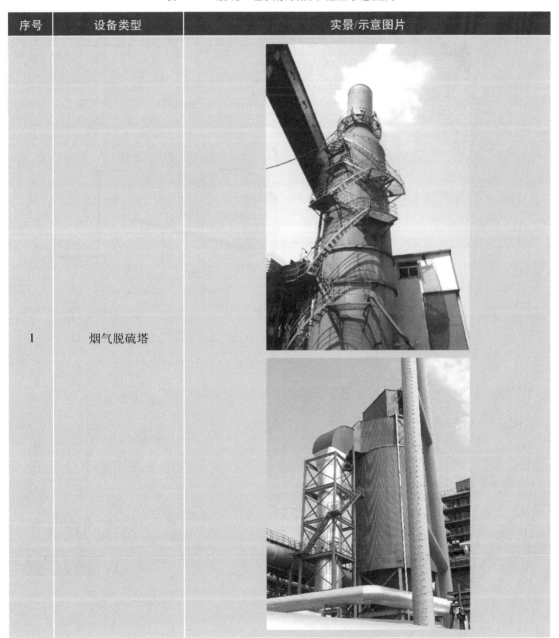

序号	设备类型	实景/示意图片
2	石灰石/石膏法脱硫技术示意图	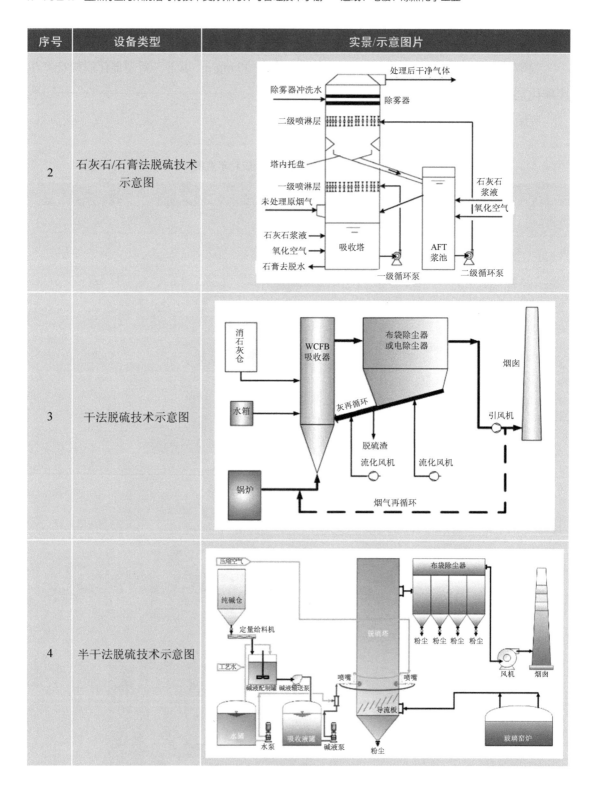
3	干法脱硫技术示意图	
4	半干法脱硫技术示意图	

序号	设备类型	实景/示意图片
5	湿法脱硫技术示意图	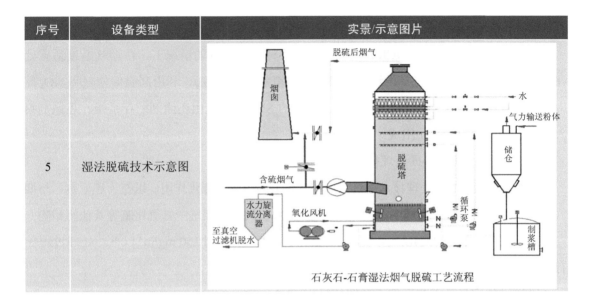 石灰石-石膏湿法烟气脱硫工艺流程

（3）脱硝

焦炉烟气脱硝技术分为 SCR、SNCR、活性炭（焦）协同处理法等类型；粗苯管式炉、半焦烘干和氨分解炉等燃用焦炉煤气的设施应采用低氮燃烧、延长燃烧时间等方式，降低燃烧温度，使烟气中氮氧化物排放浓度≤150 mg/m³。

1）低氮燃烧技术

低氮燃烧技术是通过合理配置流场、温度场及物料分布以改变 NO_x 的生成环境，从而降低出口 NO_x 排放量的技术，主要包括多段燃烧和废气循环等技术。

多段燃烧技术是指焦炉燃烧室采用多段加热结构设计，在实现焦炉均匀加热的同时，降低火道温度，减少氮氧化物产生量。该技术适用于炭化室高度为 6 m 及以上的捣固焦炉，以及 7 m 及以上的顶装焦炉。

废气循环技术是将焦炉燃烧后废气回配至燃烧室前的煤气或空气中，降低煤气中可燃成分或空气中氧含量，并加快气流速度，从而拉长火焰，降低火道温度、缩短结焦时间，减少氮氧化物产生量。

2）SCR 脱硝技术

选择性催化还原（SCR）技术是指利用脱硝还原剂（液氨、氨水、尿素等），在催化剂作用下选择性地将烟气中的 NO_x（主要是 NO、NO_2）还原成氮气（N_2）和水（H_2O），从而达到脱除 NO_x 的目的。SCR 脱硝系统一般由还原剂贮存系统、还原剂混合系统、还原剂喷射系统、反应器系统及监测控制系统等组成。

脱硝效率达 85% 以上，氮氧化物排放浓度可以达到 150 mg/m³ 以下。SCR 脱硝会产生废催化剂，并伴有氨逃逸现象。

3）SNCR 脱硝技术

选择性非催化还原（SNCR）技术是指在不使用催化剂的情况下，在烟气温度适宜处（850～1 150℃）喷入含氨基的还原剂（一般为氨水或尿素等），利用高温促使氨和 NO_x 反应，将烟气中的 NO_x 还原为 N_2 和 H_2O。典型的 SNCR 系统由还原剂贮存系统、还原剂喷入装置及相应的控制系统组成。

4）活性炭（焦）协同处理技术

活性炭（焦）协同处理技术通过活性炭（焦）的吸附、催化作用，以氨为还原剂，与烟气中的 NO_x 发生反应，生成 N_2 和 H_2O。该技术可协同去除烟气中二氧化硫等其他污染物。

脱硝效率一般达 85% 以上，氮氧化物排放浓度可以达到 150 mg/m³ 以下。处理过程伴有氨逃逸现象。

脱硝设施实景及工艺系统示意图片见表 10-3。

表 10-3 脱硝设施实景及工艺系统示意图片

序号	设备类型	实景/示意图片
1	脱硝设施	

序号	设备类型	实景/示意图片
2	燃料分级燃烧原理示意图	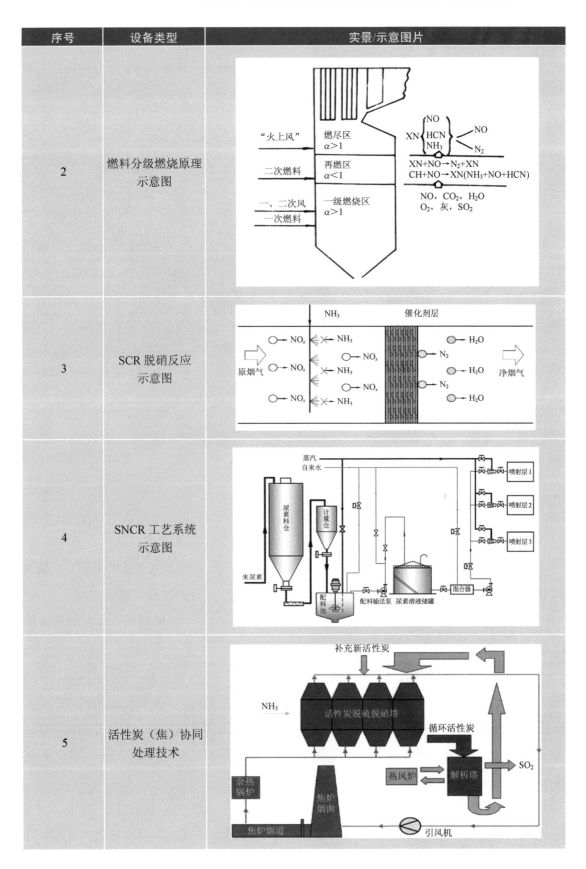
3	SCR 脱硝反应示意图	
4	SNCR 工艺系统示意图	
5	活性炭（焦）协同处理技术	

（4）挥发性有机物（VOCs）

冷鼓、库区焦油各类贮槽和苯贮槽的放散气收集后通过洗净塔洗涤，或使用活性炭吸附等方式去除 VOCs。设施实景及示意图片见表 10-4。

表 10-4　VOCs 吸附装置实景及示意图片

设备类型	实景/示意图片
洗净塔和活性炭吸附装置	

10.1.2　无组织排放废气

（1）扬尘

原料煤堆放扬尘防治措施有封闭式煤场和防风抑尘网，并在煤场设置喷淋装置，洒水抑尘。封闭式煤场可分为条形封闭煤场、圆形封闭煤场、筒仓、气膜煤棚等。

精煤破碎、焦炭破碎、筛分及转运的扬尘采用密闭皮带、封闭通廊，并配置袋式除尘器。

（2）焦炉炉体逸散烟气

焦炉炉体应满足以下 5 条措施：①焦炉炉盖采用密封结构，装煤后用泥浆密封；②上升管盖、桥管与阀体承插采用水封装置；③上升管根部采用铸铁底座，耐火石棉绳填塞，泥浆封闭；④焦炉炉门采用弹簧炉门或敲打刀边炉门、厚炉门板、大保护板；⑤焦炉炉柱采用大型焊接"H"型钢。

（3）装煤过程中的炉头烟

装煤车封闭技术：装煤车设置双层导套，内外套之间、外套与装煤孔座之间采用特殊的密封结构，防止装煤烟气外溢，提高荒煤气收集率，减少装煤废气无组织排放。该技术适用于 7.63 m 的顶装焦炉。

高压氨水消烟除尘配合 U 形导烟技术：在桥管处喷射高压氨水产生负压，同时在焦炉炉顶设置 U 形导烟装置，将正在进行装煤操作的炭化室烟气导入相邻炭化室内，再进入集气系统，提高荒煤气收集率，减少装煤废气无组织排放量。该技术适用于捣固焦炉。

单孔炭化室压力调节技术：在装煤和结焦过程中，通过调节每个炭化室荒煤气进入集气管的流通断面，稳定炭化室压力，减少焦炉生产过程废气无组织排放量。该技术可单独使用，也可配合高压氨水喷射组合使用。

（4）冷鼓、库区焦油各类贮槽和苯贮槽的放散气

放散气通过压力平衡装置返回吸煤气管道，减少有组织废气源。

具体设施实景及示意图片见表 10-5。

表 10-5　无组织排放控制设施实景及示意图片

序号	设备类型	实景/示意图片
1	圆形封闭煤场	
2	半封闭煤场	

序号	设备类型	实景/示意图片
3	防风抑尘网	
4	筒仓	
5	气膜煤棚	
6	密闭皮带、封闭通廊	

10.1.3　废气污染防治可行技术

根据《炼焦化学工业污染防治可行技术指南》，炼焦化学工业排污单位废气污染防治可行技术参照表 10-6，废气污染防治先进可行技术见表 10-7。

表 10-6　炼焦化学工业排污单位废气污染防治可行技术

序号	工艺类别	污染物排放环节	污染预防技术	污染治理技术	污染物排放水平/（mg/m³）				技术适用条件
					颗粒物	二氧化硫	氮氧化物	氨	
1	常规焦炉	精煤破碎、焦炭整粒、筛分及转运	—	袋式除尘	6～30	—	—	—	适用于所有常规焦炉装置
2		装煤	①高压氨水喷射+②导烟	袋式除尘	8～30	—	—	—	适用于具备导烟条件的炼焦企业，并须配套喷涂或焦炭吸附装置
3			高压氨水喷射		8～30	—	—	—	适用于所有常规焦炉炼焦装置，并须配套喷涂或焦炭吸附装置
4		推焦	—	袋式除尘	9～30	—	—	—	适用于所有常规焦炉炼焦装置
5		焦炉烟囱	①废气循环+②分段（多段）加热或废气循环	①半干法脱硫或干法脱硫+②袋式除尘+③SCR	6～20	10～30	80～150	—	适用于脱硫后废气温降不大，采用后置独立脱硝，入口烟气温不低于200℃的炼焦装置
6				①SCR+②半干法脱硫或干法脱硫+③袋式除尘	6～20	15～30	110～150	—	适用于采用前置独立脱硝，入口烟气温不低于200℃，脱硫后废气温降较大的炼焦装置
7				①SCR+②湿法脱硫	10～20	10～30	100～150	—	适用于采用前置独立脱硝，入口烟气温不低于200℃，脱硫后废气温降较大的炼焦装置
8				活性炭/活性焦脱硫脱硝一体化	10～20	8～30	100～150	—	适用于 SO_2、NO_x 协同去除，入口烟气温度在150℃以下的炼焦装置
9		干法熄焦	—	袋式除尘	8～30	—	—	—	适用于所有常规焦炉装置
10		硫铵结晶干燥		旋风除尘与水洗联合	10～80			10～30	适用于常规焦炉煤气净化单元硫铵干燥设施

序号	工艺类别	污染物排放环节	污染预防技术	污染治理技术	污染物排放水平/（mg/m³）				技术适用条件
					颗粒物	二氧化硫	氮氧化物	氨	
11	热回收焦炉	精煤破碎、焦炭整粒、筛分及转运	—	袋式除尘	10～30	—	—	—	适用于所有热回收焦炉装置
12		装煤	微负压炼焦	袋式除尘	10～30	—	—	—	同上
13		焦炉烟囱	微负压炼焦	湿法脱硫	10～30	30～100	—	—	同上
14	半焦（兰炭）炭化炉	煤炭、焦炭筛分及转运	—	袋式除尘	10～30	—	—	—	适用于所有半焦（兰炭）炭化炉装置

注：1. 常规焦炉工艺中，顶装焦炉装煤环节也可采用装煤车封闭+单孔炭化室压力调节污染预防技术，作为污染防治可行技术；对于采用高压氨水喷射+导烟技术的，后续袋式除尘仅指机侧除尘。

2. 常规焦炉工艺中，以高炉煤气或高炉焦炉混合煤气为加热燃料的焦炉烟囱环节，也可采用废气循环+分段（多段）加热污染预防技术，作为污染防治可行技术。

3. 常规焦炉工艺中，冷鼓、库区焦油各类贮槽、苯贮槽环节可采用压力平衡污染预防技术，作为污染防治可行技术；也可采用酸洗、碱洗、油洗、吸附等方法，并严格控制运行条件（如及时更换清洗剂或吸附剂等）。

4. 半焦（兰炭）炭化炉工艺中，装煤环节可采用双室双闸给料污染预防技术，作为污染防治可行技术。

表10-7 炼焦化学工业排污单位废气污染防治先进可行技术

污染物排放环节	颗粒物污染防治先进可行技术
精煤破碎、焦炭整粒、筛分及转运 装煤 推焦 干法熄焦 焦炉烟囱	覆膜滤料袋式除尘

10.2 废水污染治理措施

10.2.1 废水处理工艺

根据不同的水质特点和处理目的，焦化废水应采用"预处理+生化处理+后处理+深度处理+回用处理"联合处理工艺，选择其中部分或全部工艺单元完成废水处理。

（1）预处理技术

1）除油技术

除油技术包括重力除油技术和气浮除油技术。重力除油技术主要用于去除重油，利用油、悬浮固体和水的密度差，依靠重力进行分离。气浮除油技术主要用于去除轻油类，利用空气或氮气在水中分散形成微小气泡，黏附废水中疏水基的固体或油粒，形成表观密度小于水的絮体，依靠重力进行分离。除油效率可达 30%～80%。水力停留时间一般不小于 3 h。

2）脱氰技术

通过与脱氰药剂反应，将脱硫废水中氰化物和硫化物转化到生成的沉淀物中。脱氰药剂可采用硫酸亚铁。该技术适用于处理以真空碳酸盐技术进行焦炉煤气脱硫脱氰产生的脱硫废水（包括真空冷凝液与脱硫贫液）。硫化物和氰化物浓度可分别低于 20 mg/L 和 50 mg/L。

（2）生化处理技术

1）一级脱氮技术

一级脱氮技术包括缺氧/好氧（A/O）及由其衍生的厌氧/缺氧/好氧（A/A/O）、好氧/缺氧/好氧（O/A/O）、缺氧/好氧/好氧（A/O/O）等工艺。微生物在缺氧池中将硝态氮还原为气态氮，在好氧池中将氨氮氧化为硝态氮。A/A/O 是在缺氧池前增加厌氧池，通过水解酸化提高废水可生化性；O/A/O 是在前端增设好氧池，进行预氧化，降低污染物浓度，降低后端冲击；A/O/O 是将好氧池分为两段，第一段为氧化过程（降低后端冲击），第二段为硝化过程。

挥发酚、氰化物、石油类、氨氮和化学需氧量的去除率分别达到 99.8%、75%、95%、95%和 94%，总氮去除率为 40%～70%。

2）两级脱氮技术

两级脱氮工艺串联使用，组成 A/O-A/O 工艺，通过两级反硝化进一步去除总氮。出水总氮小于 20 mg/L，其他同一级脱氮技术。

（3）后处理技术

后处理技术主要包括混凝沉淀技术。混凝沉淀技术是通过向废水中投加混凝剂和助凝剂，破坏胶体及悬浮物在液体中形成的稳定分散系，使其聚集增大并自然分离的过程。出水 pH 为 6～9、化学需氧量为 110～150 mg/L、氰化物≤0.2 mg/L、悬浮物≤70 mg/L、石油类≤5 mg/L。混凝沉淀池水力停留时间一般不小于 2 h。

（4）深度处理技术

1）臭氧催化氧化技术

在催化剂的作用，臭氧分子转化为羟基自由基、超氧自由基等物质，氧化去除废水中难以生物降解的污染物，同时杀菌、除臭和脱色。化学需氧量去除效率约为 50%。

2）芬顿（Fenton）技术

在酸性条件下，过氧化氢在亚铁离子催化作用下生成羟基自由基，氧化废水污染物；

同时，亚铁离子被氧化为铁离子，在一定条件下生成氢氧化铁，絮凝去除悬浮物。化学需氧量、生化需氧量、悬浮物去除率可达 30%～60%，出水化学需氧量为 60～80 mg/L。

3）吸附技术

通过活性炭（焦）（粉末状）等吸附剂吸附去除废水污染物。化学需氧量去除率为 50%～70%，出水化学需氧量为 60～80 mg/L，采用高品质活性炭和增大用量时，可降低到 50 mg/L。

废水处理设施实景及示意图片见表 10-8。

表 10-8　废水处理设施实景及示意图片

序号	设备类型	实景/示意图片
1	预处理-隔油池	
2	生化处理-预曝气池	
3	生化处理-好氧池	

序号	设备类型	实景/示意图片
4	生化处理-缺氧池	
5	二沉池	
6	污泥浓缩池	
7	板块压滤机	

序号	设备类型	实景/示意图片
8	后处理-混凝沉淀池	
9	后处理-混合反应池	

10.2.2　废水污染防治可行技术

根据《炼焦化学工业污染防治可行技术指南》，炼焦化学工业排污单位废水污染防治可行技术参照表 10-9。

表 10-9　炼焦化学工业排污单位废水污染防治可行技术

序号	污染治理技术	污染物排放水平/（mg/L）					技术适用条件
		化学需氧量	氨氮	总氮	氰化物	挥发酚	
1	①预处理（除油，需要时采用脱氰处理）+②生化处理（一级生物脱氮处理）+③后处理（混凝沉淀）	110～150	5～25	—	0.1～0.2	0.1～0.3	适用于进水水量、水质稳定，且出水用于洗煤、熄焦和高炉冲渣等的企业，运行成本较低
2	①预处理（除油，需要时采用脱氰处理）+②生化处理（一级生物脱氮处理）+③后处理（混凝沉淀）+④深度处理（臭氧氧化或芬顿氧化或吸附）	60～80	5～10	30～50	0.1～0.2	0.1～0.2	适用于进水水量、水质稳定的企业

序号	污染治理技术	污染物排放水平/（mg/L）					技术适用条件
		化学需氧量	氨氮	总氮	氰化物	挥发酚	
3	①预处理（除油，需要时采用脱氰处理）+②生化处理（两级生物脱氮处理）+③后处理（混凝沉淀）+④深度处理（臭氧氧化或芬顿氧化或吸附）	60～80	1～5	15～20	0.1～0.2	0.1～0.2	适用于进水水量、水质稳定，且废水中总氮含量较高的企业，运行成本较高

注：1. 可行技术 2 和可行技术 3 在采用芬顿氧化技术进行深度处理时，后处理（混凝沉淀）技术为中可选技术。
　　2. 可行技术 2 和可行技术 3 的深度处理后也可增设越滤、反渗透等工艺，废水经处理达到循环冷却水或工业锅炉用水水质要求后回用，但反渗透产生的浓水应按照相关法律法规和技术规范进行处理处置。
　　3. 炼焦化学工业企业也可将电磁氧化（微波、电化学等）技术作为深度处理技术，确保满足 GB 16171—2012 相关要求。

10.3　噪声污染治理措施

10.3.1　噪声治理技术

炼焦化学工业排污单位的噪声主要是机械的撞击、摩擦、转动等引起的机械性噪声及气流的起伏运动或气动力引起的空气动力性噪声。主要噪声源有破碎机、筛分机、煤气鼓风机、冷却塔、各种风机及泵类等，在采取噪声控制措施前，噪声值为 80～105 dB（A）。主要的治理技术如下：

（1）厂房隔声

适用于破碎机、振动筛、各类风机、水泵等设备，降噪水平在 3～12 dB（A）不等。

（2）基础减振

适用于破碎机、振动筛、各类风机、水泵等设备，降噪水平约为 10 dB（A）。

（3）消声器

适用于各类风机和余热锅炉高压排汽噪声，降噪水平约为 25 dB（A）。

（4）软连接

适用于各类水泵和污水处理鼓风机等设备，降噪水平约为 5 dB（A）。

（5）隔声罩

适用于各类水泵等设备，降噪水平约为 15 dB（A）。

10.3.2　噪声污染防治可行技术

根据《炼焦化学工业污染防治可行技术指南》，炼焦化学工业排污单位噪声污染防治可行技术参照表 10-10。

表 10-10 炼焦化学工业排污单位噪声污染防治可行技术

序号	噪声源	可行技术	降噪水平
1	破碎机	①厂房吸声+②减振基础	15 dB（A）左右
2	装煤、推焦除尘风机	①厂房吸声+②减振基础	15 dB（A）左右
3	汽轮机、发电机、励磁机	①厂房吸声+②减振基础	15 dB（A）左右
4	余热锅炉系统高压排汽噪声	消声器	25 dB（A）左右
5	干熄焦环境除尘风机	①减振基础+②消声器+③弹性连接	35 dB（A）左右
6	鼓风机	①厂房吸声+②减振基础	15 dB（A）左右
7	振动筛	①厂房吸声+②减振基础	15 dB（A）左右
8	泵类	①隔声罩+②减振基础+③弹性连接/厂房吸声+④减震基础+⑤弹性连接	30 dB（A）左右/20 dB（A）左右
9	污水处理鼓风机	①隔声罩+②减振基础+③弹性连接/厂房吸声+④减震基础+⑤弹性连接	30 dB（A）左右/20 dB（A）左右
10	其他除尘风机	①减振基础+②消声器+③弹性连接	35 dB（A）左右

10.4 固体废物综合利用和处置措施

10.4.1 固体废物综合利用和处置技术

炼焦化学工业排污单位产生的一般性固体废物主要包括除尘灰、焦油渣、酸焦油、蒸氨残渣、再生渣、脱硫废液、废水处理污泥等。产生的废矿物油与含矿物油废物、废催化剂等危险性固体废物须送至有资质单位处置。

（1）掺煤炼焦

除尘灰、焦油渣、酸焦油、蒸氨残渣、再生渣、废水处理污泥、废活性炭可通过厂内掺煤炼焦进行无害化处置。上述固体废物密闭收集、贮存、输送，并通过专门的回配系统与入炉煤进行混合。

钢铁联合排污单位焦化除尘灰可送至烧结料场作为燃料，或代替部分无烟煤用于高炉喷吹。

（2）提盐

采用湿式氧化氨法脱硫工艺产生的脱硫废液可通过提盐技术进行资源化利用。脱硫废液密闭收集、贮存、输送。

（3）制酸

以湿式氧化氨法脱硫工艺产生的低品质硫黄和脱硫废液为原料，经预处理后送焚烧炉完全燃烧生成二氧化硫，在转化塔内经催化生成三氧化硫，继而生成硫酸。

固体废物处置设施实景及示意图片见表 10-11。

表 10-11　固体废物处置设施实景及示意图片

序号	设备类型	实景/示意图片
1	焦油渣回收装置	
2	酸焦油回收装置	
3	蒸氨残渣回收装置	

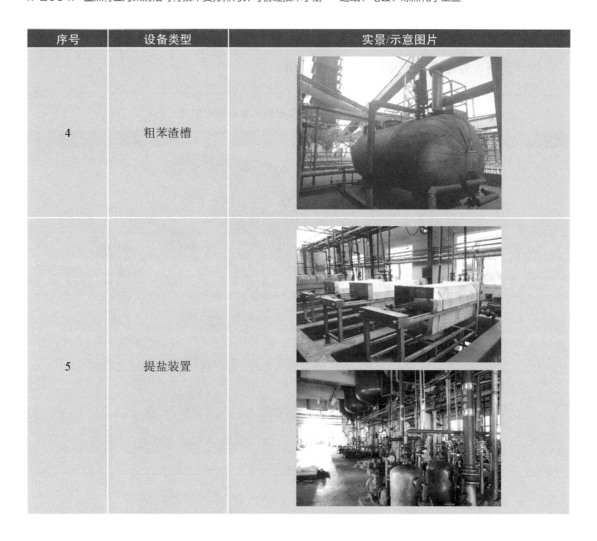

序号	设备类型	实景/示意图片
4	粗苯渣槽	
5	提盐装置	

10.4.2　固体废物污染防治可行技术

根据《炼焦化学工业污染防治可行技术指南》，炼焦化学工业排污单位固体废物污染防治可行技术参照表 10-12。

表 10-12　炼焦化学工业排污单位固体废物污染防治可行技术

序号	固体废物名称	可行技术
1	焦油渣	掺煤炼焦
	酸焦油	
	蒸氨残渣	
	废水处理污泥	
	废活性炭	
	除尘灰[a]	

序号	固体废物名称	可行技术
2	脱硫废液 [b]	提盐
3		制酸
4	废矿物油与含矿物油废物	送有资质单位处置
	废催化剂	

[a] 对于钢铁联合企业，除尘灰也可送至烧结料场作为燃料，或代替部分无烟煤用于高炉喷吹。

[b] 指采用湿式氧化法脱硫技术产生的脱硫废液，宜采用提盐或制酸技术；在满足各项管理规定、严格控制挥发性气体无组织排放并长期稳定运行的前提下，也可采用掺煤炼焦技术。

注：对于脱苯环节产生的洗油再生渣，宜采用湿排渣形式，并经泵送至焦油氨水分离设施；对于采用干排渣形式的，在满足各项管理规定、严格控制挥发性有机物无组织排放并长期稳定运行的前提下，可采用掺煤炼焦技术。

11 炼焦化学工业 BAT 和排污许可证

11.1 炼焦化学工业 BAT

11.1.1 污染防治可行技术

（1）装煤车封闭技术

该技术适用于顶装常规机焦炉装煤环节。装煤车设置双层导套，内外套之间、外套与装煤孔座之间采用特殊密封结构，减少装煤烟气无组织排放。

（2）高压氨水喷射技术

该技术适用于常规机焦炉装煤环节。在桥管处喷射高压氨水形成引射，产生压力差，将部分装煤烟尘导入集气管，减少装煤烟气无组织排放。

（3）导烟技术

该技术适用于常规机焦炉装煤环节。焦炉炉顶设置导烟装置，将正在进行装煤操作的炭化室烟气导入相邻炭化室内，减少装煤烟气无组织排放。该技术可与高压氨水喷射技术联合使用。

（4）单孔炭化室压力调节技术

该技术适用于常规机焦炉装煤环节。上升管和集气管之间的桥管处设有煤气流量自动调节装置，在装煤和结焦过程中，通过调节单个炭化室内荒煤气进入集气管的流通断面，稳定炭化室压力，减少炉门、装煤孔等处废气无组织排放。该技术可单独使用，也可与高压氨水喷射技术联合使用。

（5）分段（多段）加热技术

该技术适用于新建常规机焦炉加热环节。向焦炉燃烧室立火道分段供入煤气或空气，形成多点燃烧，在实现焦炉均匀加热的同时，降低燃烧强度，减少 NO_x 产生量。

（6）废气循环技术

该技术适用于常规机焦炉加热环节。将焦炉燃烧废气回配至焦炉燃烧加热系统，降低氧含量，加快气流速度，拉长火焰，降低火道温度，减少 NO_x 产生量。该技术分为炉内废气循环和外部烟气回配两种工艺，其中外部烟气回配适用于使用焦炉煤气加热的焦炉。

（7）压力平衡技术

该技术适用于常规机焦炉煤气净化单元（脱硫再生等设施除外）。利用管道将煤气净化单元相关贮槽及设备的放散口与负压煤气管道连接在一起，通过充入氮气的方式调节系统压力，整个系统宜处于与环境压差 –150～–50 Pa 的压力范围，相关放散口放散气引入煤气鼓风机前的煤气管道内，避免放散气外排。采用该技术应做好安全风险防范及防腐工作。

（8）微负压炼焦技术

该技术适用于热回收焦炉。通过风机或烟囱产生吸力，始终保持炭化室及余热锅炉之前的烟气系统处于微负压（–50～–30 Pa）状态，减少焦炉炉体无组织排放。

（9）双室双闸给料技术

该技术适用于半焦（兰炭）炭化炉装煤环节。在半焦（兰炭）炭化炉装煤给料过程中，通过切换给料器上下闸板，减少炭化炉荒煤气排放。

11.1.2　废气污染治理技术

11.1.2.1　颗粒物治理技术

（1）袋式除尘技术

该技术适用于备煤、炼焦、熄焦、焦处理单元，过滤风速一般控制在 1.1 m/min 以下，除尘效率一般可达 99%以上，颗粒物排放浓度不大于 30 mg/m³；采用覆膜滤料，过滤风速一般控制在 0.8 m/min 以下，颗粒物排放浓度不大于 10 mg/m³。滤袋寿命一般为 1～2 年。为防止装煤环节废气中焦油等黏性成分黏结滤料，应对滤料进行预喷涂或设置焦炭吸附装置。

（2）旋风除尘与水洗联合技术

该技术适用于煤气净化单元硫铵干燥设施，通常在水洗塔后设置捕雾器去除液滴。除尘效率一般可达 95%以上，颗粒物排放浓度一般不大于 80 mg/m³；氨去除率一般可达 96%以上，氨排放浓度一般不大于 30 mg/m³。

11.1.2.2　二氧化硫治理技术

（1）半干法脱硫技术

该技术适用于焦炉加热环节，通常以碳酸钠、生石灰或熟石灰等作为脱硫剂，钠硫比、钙硫比（摩尔比）一般控制在 1.1～1.4，烟气温度通常保持露点温度为 10～30℃。脱硫效率一般可达 80%以上，SO₂排放浓度一般在 30 mg/m³ 以下，可通过动态调整脱硫剂用量等方式，控制出口烟气中 SO_2 浓度。

（2）干法脱硫技术

该技术适用于焦炉加热环节，通常以氢氧化钙等作为脱硫剂，钙硫比（摩尔比）一般控制在 1.2～1.5，烟气温度一般为 100～320℃。脱硫效率一般可达 80%以上，SO_2 排放浓度一般在 30 mg/m³ 以下，可通过动态调整脱硫剂用量等方式控制出口烟气中 SO_2 浓度。

（3）湿法脱硫技术

该技术适用于焦炉加热环节，通常以石灰石/石灰浆液或氨水等作为脱硫剂，钙硫比一般控制在 1.02～1.15，吸收塔喷淋层一般不少于 2 层，压力降一般小于 1 500 Pa，液气比达到设计要求。脱硫效率一般可达 90%以上，SO_2 排放浓度一般在 30 mg/m³ 以下。可通过调整脱硫剂溶液用量等方式控制出口烟气中 SO_2 浓度。该技术一般配有除尘或抑尘措施。

11.1.2.3 氮氧化物治理技术

炼焦化学工业 NO_x 治理技术主要为选择性催化还原技术（SCR），适用于焦炉加热环节，通常在催化剂作用下，以液氨、氨水等作为脱硝剂，催化剂层数一般为 1～2 层（以焦炉煤气为燃料）或 1～3 层（以高炉煤气或高、焦混合煤气为燃料），入口烟气温度一般不低于 200℃（视催化剂类型及工作温度条件确定）。脱硝效率一般可达 85%以上，NO_x 排放浓度一般在 150 mg/m³ 以下。可通过改变烟气与催化剂接触时间、调整脱硝还原剂用量等方式，控制出口烟气中 NO_x 浓度。

11.1.2.4 活性炭/活性焦脱硫脱硝一体化技术

该技术适用于焦炉加热环节，净化塔入口烟气温度一般控制在 150℃以下，烟气停留时间一般为 20 s 以上。脱硫效率一般可达 95%以上，SO_2 排放浓度一般不大于 30 mg/m³；脱硝效率一般可达 85%以上，NO_x 排放浓度一般不大于 150 mg/m³。采用该技术应做好安全风险防范工作。当活性炭/活性焦接近饱和状态时，可通过热解再生（温度一般控制在 400～450℃）恢复性能。

11.1.3 废水污染治理技术

11.1.3.1 预处理技术

（1）除油技术

该技术适用于炼焦化学工业废水除油预处理，包括重力除油技术和气浮除油技术。可采用平流式除油池，水力停留时间一般不小于 3 h。除油效率一般可达 30%～80%。

（2）脱氰技术

该技术适用于真空碳酸盐脱硫脱氰工艺产生的脱硫废水预处理，通常以硫酸亚铁等作为脱氰药剂，分离氰化物和硫化物，包括反应器和初沉池。反应器水力停留时间一般为 30 min 左右，初沉池水力停留时间一般为 3 h 左右。处理后废水中的氰化物和硫化物浓度可分别控制在 50 mg/L 以下和 20 mg/L 以下。对于不单独采用脱氰技术的企业，也可将脱硫废水并入循环氨水系统，送蒸氨环节处理。

11.1.3.2　生化处理技术

生化处理是炼焦化学工业废水处理的重要工艺过程，包括一级生物脱氮处理和两级生物脱氮处理。为确保生物脱氮系统稳定运行，进水水质指标一般为 COD_{Cr} 不大于 5 000 mg/L、氨氮不大于 300 mg/L、挥发酚为 500～800 mg/L、氰化物不大于 15 mg/L、硫化物不大于 30 mg/L、石油类不大于 50 mg/L、SS 不大于 100 mg/L、pH 为 7.0～8.5。

（1）一级生物脱氮处理技术

该技术适用于常规废水生化处理，包括缺氧/好氧（A/O）及由其衍生的厌氧/缺氧/好氧（A/A/O）、好氧/缺氧/好氧（O/A/O）、缺氧/好氧/好氧（A/O/O）等工艺。其中，A/O 工艺缺氧池水力停留时间一般为 28～32 h（以蒸氨废水计，下同），好氧池水力停留时间一般为 40～80 h，二沉池表面水力负荷一般为 1.0～1.5 m³/（m²·h）（活性污泥法）或 1.5～2.0 m³/（m²·h）（生物膜法），沉淀时间一般为 2.0～4.0 h（活性污泥法）或 1.5～4.0 h（生物膜法）；A/A/O 工艺厌氧池水力停留时间一般为 8～16 h；O/A/O 工艺前端好氧池水力停留时间一般不大于 20 h，后端好氧池水力停留时间一般为 40～60 h；A/O/O 工艺好氧池总水力停留时间一般为 60～80 h。该技术对挥发酚、石油类、氨氮和 COD_{Cr} 的去除率一般可达 99.8%、95%、95% 和 94%，总氮去除率一般可达 40%～70%。

（2）两级生物脱氮处理技术

该技术适用于对总氮排放有更严格要求的废水生化处理，通常采用两级 A/O 工艺串联。第二级 A/O 缺氧池和好氧池水力停留时间一般分别为 15～20 h 和 5～10 h。好氧池碱度一般在 200 mg/L 以上，溶解氧一般在 2 mg/L 以上。出水总氮一般小于 20 mg/L，其他指标同一级生物脱氮处理技术。

11.1.3.3　后处理技术

炼焦化学工业废水后处理通常采用混凝沉淀技术，混凝沉淀池水力停留时间一般不小于 2 h，表面水力负荷一般为 1.0～1.5 m³/（m²·h）；废水与混凝剂混合时间一般为 0.5～2 min，反应时间一般为 5～20 min；也可在混凝沉淀后增设过滤单元。出水 pH 一般为 6～9，COD_{Cr} 一般为 110～150 mg/L。

11.1.3.4　深度处理技术

焦化废水深度处理技术一般包括高级氧化技术和吸附处理技术，可进一步降低废水中

COD_{Cr}、氨氮等控制指标。其中，高级氧化技术主要包括臭氧氧化技术、芬顿（Fenton）氧化技术等；吸附处理技术主要包括活性炭/活性焦及树脂吸附技术等。

（1）臭氧氧化技术

通过臭氧直接氧化或催化氧化，分解废水中难以生物降解的污染物。其中，对于臭氧催化氧化，废水 pH 一般控制在 8～9，反应时间一般不小于 40 min。COD_{Cr} 去除率一般可达 50%，采用二级催化氧化，出水 COD_{Cr} 一般可达 60～80 mg/L。

（2）芬顿（Fenton）氧化技术

在亚铁离子催化作用下，通过过氧化氢氧化，分解废水中难以生物降解的污染物；同时通过絮凝沉淀，去除 SS。过氧化氢与 COD_{Cr} 质量浓度比一般不小于 1:1，亚铁离子与过氧化氢摩尔浓度比一般为 1:3；pH 一般控制在 3～4，氧化反应时间一般为 30～40 min；反应后需加碱调节废水 pH 至中性后进行絮凝沉淀。生化需氧量、SS 去除率一般可达 30%～60%，出水 COD_{Cr} 一般可达 60～80 mg/L。

（3）吸附技术

通过吸附剂（活性炭/活性焦、树脂等）的吸附作用，进一步去除废水污染物。为确保出水水质，进水 COD_{Cr} 一般不大于 350 mg/L、pH 为 6～9；为加速沉淀，可在吸附池后投加混凝剂或絮凝剂。COD_{Cr} 去除率一般可达 50%～70%，出水 COD_{Cr} 一般可达 60～80 mg/L。采用该技术应及时更换或再生吸附剂。

11.1.4 固体废物污染治理技术

11.1.4.1 掺煤炼焦技术

除尘灰、焦油渣、酸焦油、蒸氨残渣、再生渣、废水处理污泥、废矿物油与含矿物油废物、废活性炭等可通过厂内掺煤炼焦技术进行无害化处置。

11.1.4.2 提盐技术

脱硫废液可通过提盐技术进行资源化利用。提盐回收的硫氰酸铵、硫氰酸钠、硫酸铵、硫酸钠等产品应符合相应的国家、地方或行业的产品质量标准要求，且提盐生产过程中排放到环境的有害物质限值和盐中有害物质含量限值应满足《固体废物鉴别标准　通则》（GB 34330）的相关要求。

11.1.4.3 制酸技术

脱硫废液经预处理后送焚烧炉完全燃烧生成 SO_2，在转化塔内经催化氧化成三氧化硫，然后吸收生成硫酸。硫酸产品应符合相应的国家、地方或行业的产品质量标准要求。采用该技术应做好设备防腐工作。

11.1.5　噪声污染治理技术

11.1.5.1　隔声罩

隔声罩可阻挡噪声的传播，对固定声源进行隔声处理时，宜尽可能靠近噪声源设置隔声罩，降噪水平约 15 dB（A）。隔声罩适用于泵类等设备噪声的控制，隔声罩宜采用带有阻尼层的钢板制作，阻尼层厚度一般为金属板厚的 1～3 倍，隔声罩的内侧面宜设吸声层。

11.1.5.2　减振基础

安装设备时，在基座下设置减振基础，可有效降低结构噪声，降噪水平约 10 dB（A）。减振基础适用于破碎机、振动筛、各类风机、泵类等设备噪声的控制。

11.1.5.3　消声器

消声器是具有吸声衬里或特殊形状的气流管道，可有效降低空气动力性噪声，降噪水平约 25 dB（A）。消声器适用于各类风机和余热锅炉高压排气阀噪声的控制，消声器宜装设在靠近进（排）气口处。

11.1.5.4　弹性连接

管道系统采用弹性连接进行隔振处理，降噪水平约 5 dB（A）。弹性连接适用于泵类和风机等设备噪声的控制，风机宜采用防火帆布接头或弹性橡胶软管，并采用弹性支吊架进行隔振安装。泵类等宜采用具有足够承压、耐温性能的橡胶软管或软接头（避震喉）；输送介质温度过高、压力过大的管道系统，宜采用金属软管。

11.1.5.5　厂房吸声

对于常规车间厂房，吸声降噪效果为 3～5 dB（A）；对于混响严重的车间厂房，吸声降噪效果为 6～9 dB（A）；对于几何形状特殊（有声聚焦、颤动回声等声缺陷）、混响极为严重的车间厂房，吸声降噪效果一般可达到 10～12 dB（A）。

炼焦化学工业废气、废水、噪声及固体废物的污染防治可行技术具体见表 10-7、表 10-9、表 10-10、表 10-12。

11.2　炼焦化学工业排污许可证

11.2.1　基本信息

排污许可证副本中载明以下基本信息：

1）排污单位名称、注册地址、法定代表人或者主要负责人、技术负责人、生产经营场所地址、行业类别、统一社会信用代码等排污单位等基本信息。

排污许可证以表格形式载明炼焦化学工业排污单位的上述信息。

2）排污许可证有效期限、发证机关、发证日期、证书编号和二维码等基本信息。

11.2.2 登记事项

排污许可证副本中记录以下登记事项：

1）主要生产设施、主要产品及产能、主要原辅材料等；

2）产排污环节、污染防治设施等；

3）环境影响评价审批意见、依法分解落实到本单位的重点污染物排放总量控制指标、排污权有偿使用和交易记录等。

具体信息如下：

1）主要产品及产能信息表主要登记了炼焦化学工业排污单位的主要生产单元名称、主要工艺名称、生产设施名称、生产设施编号、设施参数、其他设施信息、产品名称、生产能力、计量单位、设计年生产时间、其他产品信息和其他工艺信息等。

主要原辅材料及燃料信息表主要登记了原辅料的种类、名称、年最大使用量、计量单位、硫分、挥发分及其他信息；燃料的名称、灰分、硫分、挥发分、热值、年最大使用量及其他信息。

2）废气产排污节点、污染物及污染治理设施信息表登记了炼焦化学工业排污单位生产设施编号、生产设施名称、对应产污环节名称、污染物种类、排放形式、污染治理设施编号、污染治理设施名称、污染治理设施工艺、是否为可行技术、污染治理设施其他信息、有组织排放口编号、有组织排放口名称、排放口设置是否符合要求、排放口类型及其他信息。其中，生产设施编号、生产设施名称与主要产品及产能表中生产设施编号、生产设施名称——对应。

废水类别、污染物及污染治理设施信息表登记了炼焦化学工业排污单位废水类别、污染物种类、污染治理设施编号、污染治理设施名称、是否为可行技术、污染治理设施其他信息、排放去向、排放方式、排放规律、排放口编号、排放口名称、排放口设置是否符合要求、排放口类型及其他信息。

3）如炼焦化学工业排污单位发生排污权交易，排污许可证则需要载明排污权使用和交易信息；如未发生交易，无须载明。

11.2.3　许可事项

排污许可证副本中规定以下许可事项：

1）排放口位置和数量、污染物排放方式和排放去向等，大气污染物无组织排放源的位置和数量；

2）排放口和无组织排放源排放污染物的种类、许可排放浓度、许可排放量；

3）取得排污许可证后应当遵守的环境管理要求；

4）法律法规规定的其他许可事项。

排污许可证执法检查时，重点检查排污许可证规定的许可事项的实施情况。通过执法监测、检查台账记录和自动监测数据以及其他监控手段，核实排污数据和执行报告的真实性，判定是否符合许可排放浓度和许可排放量，检查环境管理要求落实情况。

11.2.3.1　许可排放口

（1）排放口类型

1）废气排放口。废气排放口分为主要排放口和一般排放口。主要排放口包括焦炉烟囱（含焦炉烟气尾部脱硫、脱硝设施排放口），装煤、推焦地面站排放口，干法熄焦地面站排放口，其余为一般排放口。

2）废水排放口。炼焦化学工业排污单位排放口分为主要排放口和一般排放口，其中独立焦化企业废水总排放口或者钢铁联合企业焦化分厂废水排放口为主要排放口，车间或生产设施废水排放口为一般排放口。

（2）排放口许可信息

1）大气排放口。大气排放口的基本情况表给出了排放口编号、排放口名称、污染物种类、排放口地理坐标（经度、纬度）、排气筒高度、排气筒出口内径及其他信息。

2）废水排放口。废水直接排放口基本情况表给出了排放口编号、排放口名称、排放口地理坐标（经度、纬度）、排放去向、排放规律、间歇排放时段、受纳自然水体信息（名称、功能目标）、汇入受纳自然水体处地理坐标（经度、纬度）及其他信息。

雨水排放口基本情况表与废水直接排放口基本情况表的内容一致。

废水间接排放口基本情况表给出了排放口编号、排放口名称、排放口地理坐标（经度、纬度）、排放去向、排放规律、间歇排放时段、受纳污水处理厂信息（名称、污染物种类、国家或地方污染物排放标准浓度限值）。

11.2.3.2 排放许可限值

（1）大气污染物

大气污染物有组织排放表中给出了各排放口各种污染物许可的排放浓度限值、许可排放速率限值、五年的许可年排放量限值、承诺更加严格排放浓度限值；颗粒物、二氧化硫、氮氧化物全厂有组织排放总计；主要排放口备注信息、一般排放口备注信息及全厂有组织排放总计备注信息。

特殊情况下大气污染物有组织排放表给出了环境质量限期达标规划要求下主要排放口、一般排放口、无组织排放、全厂合计的颗粒物、二氧化硫、氮氧化物的许可排放时段、许可排放浓度限值、许可日排放量限值、许可月排放量限值；重污染天气应对要求下主要排放口、一般排放口、无组织排放、全厂合计的颗粒物、二氧化硫、氮氧化物的许可排放时段、许可排放浓度限值、许可日排放量限值、许可月排放量限值；冬季污染防治其他备注信息和其他特殊情况备注信息等。

大气污染物无组织排放表给出了无组织排放编号、产污环节、污染物种类、主要污染防治措施、国家或地方污染物排放标准的名称及浓度限值、五年（首次为三年，再次为五年）的年许可排放量限值、申请特殊时段许可排放量限值及其他信息。

（2）水污染物

废水污染物排放表分为主要排放口、一般排放口、设施或车间废水排放口，给出了排放口编号、污染物种类、许可排放浓度限值、五年（首次为三年，再次为五年）的许可年排放限值，以及主要排放口、一般排放口、设施或车间废水排放口、全厂排放口的备注信息。

特殊情况下废水污染物排放表给出了环境质量限期达标规划等情况下的排污口编号、许可排放时段、许可排放浓度限值、许可排放量限值以及其他信息。

11.2.3.3 排放总许可量

（1）大气许可排放量

分五年（首次为三年，再次为五年）给出了企业颗粒物、二氧化硫、氮氧化物的年许可排放量。

（2）水许可排放量

分五年（首次为三年，再次为五年）给出了企业化学需氧量、氨氮的年许可排放量。

11.2.3.4 环境管理要求

（1）自行监测

自行监测及记录表针对污染源类别（废气、废水）对各个排放口（对应排放口编号和名称）的监测内容，污染物名称，监测设施，自动监测是否联网，自动监测仪器名称，自动监测设施安装位置，自动监测设施是否符合安装、运行、维护等管理要求，手工监测采样方法及个数，手工监测频次，手工测定方法及其他信息，监测质量保证与质量控制要求，以及监测数据记录、整理、存档要求进行了规定。

（2）环境管理台账记录

环境管理台账记录表规定了设施类别、操作参数、记录内容、记录频次、记录形式及其他信息。

（3）执行（守法）报告

执行（守法）报告信息表规定了执行（守法）报告的主要内容、上报频次及其他信息。

（4）信息公开

信息公开表对炼焦化学工业排污单位信息公开方式、时间节点、公开内容和其他信息进行了规定。

12 BAT 支撑排污许可管理

12.1 支撑排污许可申请与核发

我国的《排污许可管理办法》（环境保护部令 第 48 号）第二十九条规定，核发部门应当对排污单位的申请材料进行审核，"采用的污染防治设施或者措施有能力达到许可排放浓度要求"是向排污单位核发排污许可证的必要条件之一。而《可行技术指南》提出，可行技术是指，根据我国一定时期内环境需求和经济水平，在污染防治过程中综合采用污染预防技术、污染治理技术和环境管理措施，使污染物排放稳定达到国家炼焦化学工业污染物排放标准、规模应用的技术。也就是说，排污单位如果采用了《可行技术指南》规定的可行技术，则可以认为其具备达标排放的能力。因此，污染防治可行技术指南理论上可以较好地支撑排污许可证的核发工作，但是由于无论是污染排污许可还是可行技术指南编制都是新事物，所以在实践过程中是否能够实现较好的匹配具有较强的现实研究意义，需要及时地跟踪和评估。

12.1.1 审核程序

根据《排污许可证申请与核发技术规范 炼焦化学工业》（HJ 854—2017）和《焦化行业排污许可证审核要点》（第一版）的有关规定，如果企业采用可行技术指南中规定的技术，则可以认为企业具备达标排放能力，生态环境部门可以核发排污许可证。按照排污许可证的审核程序，结合《可行技术指南》的可行技术分类，本研究提出如图 12-1 所示的可行技术支撑排污许可证核发的审核程序。生态环境部门通过审核企业提交的申请材料，在申请材料的登记信息中核查企业是否采用污染治理预防理技术，在申请材料的产排污环节和污染防治措施中核查企业是否采用污染防治可行技术，核查结果如果符合《可行技术指南》要求，则可以认为企业具备发证条件，否则认为不具备发证条件，需要企业提交额外的证明材料。

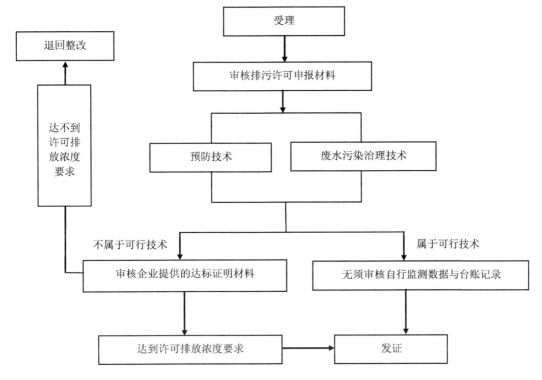

图 12-1　焦化行业排污许可证废水污染防治可行技术审核程序

12.1.2　审核内容

核发部门按照排污许可申请与核发技术规范要求，并参照《炼焦化学工业污染防治可行技术指南》（HJ 2306—2018），从企业的生产工艺、废水或废气的治理技术、采用的设施和措施等内容，审核企业是否采用污染防治可行技术。具体审核内容详见表 12-1 和表 12-2。

表 12-1　炼焦化学工业排污单位废水污染防治可行技术审核内容

序号	废水类别	污染物种类	可行技术
1	湿熄焦废水	pH 值、悬浮物、化学需氧量（COD_{Cr}）、氨氮、挥发酚、氰化物	
2	剩余氨水 煤气水封水 粗苯分离水 终冷排污水	pH 值、悬浮物、化学需氧量（COD_{Cr}）、氨氮、五日生化需氧量（BOD_5）、总氮、总磷、石油类、挥发酚、硫化物、苯、氰化物、多环芳烃（PAHs）、苯并[a]芘	掺煤炼焦
3	蒸氨废水 初期雨水 其他废水		
4	酚氰污水处理站出口		

表 12-2　炼焦化学工业排污单位废气污染防治可行技术审核内容

序号	废气产污环节名称	污染物种类	可行技术	
			执行特别排放限值排污单位	其他排污单位
1	精煤破碎、焦炭破碎、筛分	颗粒物	袋式除尘器	袋式除尘器、滤筒除尘器、湿式除尘器
2	焦炉烟囱（含焦炉烟气尾部脱硫、脱硝设施排放口）	颗粒物	袋式除尘器（干法或半干法脱硫时配套建设）	袋式除尘器（干法或半干法脱硫时配套建设）
		二氧化硫	二氧化硫	二氧化硫
		氮氧化物	脱硝技术（选择性催化还原法）、控硝（废气再循环、分段燃烧加热、焦炉加热自动控制）+脱硝技术（选择性催化还原法、选择性非催化还原法）	脱硝技术（选择性催化还原法、选择性非催化还原法）、控硝技术（废气再循环、分段燃烧加热、焦炉加热自动控制）、控硝（废气再循环、分段燃烧加热、焦炉加热自动控制）+脱硝技术（选择性催化还原法、选择性非催化还原法）
3	装煤	颗粒物、苯并[a]芘	干式净化除尘地面站（袋式除尘器）	干式净化除尘地面站（袋式除尘器）
		二氧化硫	—	—
4	推焦	颗粒物	干式净化除尘地面站（袋式除尘器）	干式净化除尘地面站（袋式除尘器）
		二氧化硫	—	—
5	干法熄焦	颗粒物	干式净化除尘地面站（袋式除尘器）	干式净化除尘地面站（袋式除尘器）
		二氧化硫	—	—
6	粗苯管式炉、半焦烘干和氨分解炉等燃用焦炉煤气的设施	颗粒物、二氧化硫、氮氧化物	燃用净化后的煤气	燃用净化后的煤气
7	冷鼓、库区焦油各类贮槽	苯并[a]芘、氰化氢、酚类、非甲烷总烃、氨、硫化氢	洗净塔	洗净塔
8	苯贮槽	苯、非甲烷总烃	洗净塔	洗净塔
9	脱硫再生塔	氨、硫化氢	洗净塔	洗净塔
10	硫铵结晶干燥	颗粒物、氨	旋风除尘器后串联洗涤除尘	旋风除尘器后串联洗涤除尘
11	锅炉烟囱	颗粒物、二氧化硫、氮氧化物、汞及其化合物、烟气黑度（林格曼黑度，级）	燃用净化后的煤气	燃用净化后的煤气

12.2　支撑执法检查

12.2.1　废水排放合规性执法检查

12.2.1.1　排放口合规性执法检查

（1）检查内容

检查废水排放口基本情况（含雨水排放口），包括排放口位置和数量、污染物排放方式和排放去向等。

（2）检查重点

检查所有生产废水和生活污水的污染因子、排放方式和排放口地理坐标、排放去向、排放规律、受纳自然水体信息。

单独排入城镇集中污水处理设施的生活污水仅检查去向。

（3）检查方法

以核发的排污许可证为基础，现场核实排放去向、排放规律、受纳自然水体信息与排污许可证许可事项的一致性，对排放口设置的规范性进行检查。

通过实地察看排放口，确定排放去向、受纳水体与排污许可证许可事项的相符性，检查是否有通过未经许可的排放口排放污染物的行为。对采用间接方式排放的企业，可通过检查与下游污水处理单位协议等文件进行核实。发现废水排放去向与排污许可证规定不相符的，须立即开展调查并根据调查结果进行执法。

炼焦化学工业排污单位废水治理设施及可行技术应用情况参考表 12-3 进行检查。

表 12-3　废水治理设施及可行技术参照

废水产排污环节	污染物治理设施		可行技术	是否为可行技术
湿熄焦废水	沉淀池、其他		—	—
剩余氨水 煤气水封水 粗苯分离水 终冷排污水	蒸氨、焚烧、其他		—	—
蒸氨废水 初期雨水 其他废水	预处理技术	混凝沉淀、湿式催化氧化、电化学法	1. ①预处理（除油，需要时采用脱氰处理）+②生化处理（一级生物脱氮处理）+③后处理（混凝沉淀）。	否
		重力除油、气浮除油、药剂脱氰		是
	生化处理技术	一级脱氮：A/O、A/A/O、O/A/O、A/O/O 等；二级脱氮：A/O-A/O	2. ①预处理（除油，需要时采用脱氰处理）+②生化处理（一级生物脱氮处理）+③后处理（混凝沉淀）+④深度处理（臭氧氧化 或 芬顿氧化 或 吸附）。	是
酚氰污水处理站出水	后处理技术	混凝沉淀		是
	深度处理技术	臭氧催化氧化、芬顿（Fenton）技术、吸附技术	3. ①预处理（除油，需要时采用脱氰处理）+②生化处理（两级生物脱氮处理）+③后处理（混凝沉淀）+④深度处理（臭氧氧化或芬顿氧化或吸附）	是
		生物膜法、蒸发		否
独立焦化企业废水总排放口或钢铁联合企业焦化分厂废水排放口排水	—		—	—

12.2.1.2 排放浓度与许可浓度合规性检查

（1）采用污染治理措施情况

1）检查重点

检查是否采用了污水处理措施，核实产排污环节对应的废水污染治理设施编号、名称、工艺、是否为可行技术及其他信息。

2）检查方法

在检查过程中以核发的排污许可证为基础，现场检查废水污染治理设施名称、工艺等与排污许可证登记事项的一致性。

对废水污染治理措施是否属于可行技术进行核查，利用《炼焦化学工业污染防治可行技术指南》初步判断企业是否具备污染物达标排放的能力。在检查过程中发现废水污染治理措施不属于可行技术的，需在后续的执法中关注排污情况，重点对达标情况进行检查。

炼焦化学工业排污单位废水污染防治可行技术参见表10-9。

（2）污染治理措施运行情况

1）检查重点

检查各污染治理设施是否正常运行，以及运行和维护情况。

2）检查方法

重点检查设备的完备性、是否正常运行等。

在检查过程中对废水产生量及其与污水处理站进水量、排水量的一致性进行核查。现场检查污染治理设施的运行记录，如用电量记录、混凝剂等试剂购买、使用消耗记录；核对药剂的使用量；对废水处理量与耗电量的相关性进行检查；现场检查污染治理设施的维修记录。

在检查过程中发现废水产生量与污水处理站进水量不一致的，废水处理量与耗电量相关性曲线波动不在正常范围的，需要重点检查是否存在以使用暗管、渗井、渗坑、灌注或者篡改、伪造监测数据，或者不正常运行防治污染设施等逃避监管的方式违法排放污染物的情况。

（3）污染物排放浓度满足许可浓度要求情况

1）检查重点

各排放口的COD_{Cr}、氨氮、多环芳烃和苯并[a]芘等污染物浓度是否低于许可限值要求。根据《炼焦化学工业污染物排放标准》（GB 16171—2012），焦化生产废水经处理后用于洗煤、熄焦和高炉冲渣等的水质，其pH、SS、COD_{Cr}、氨氮、挥发酚及氰化物应满足《炼焦化学工业污染物排放标准》（GB 16171—2012）中表2相应的排放限值要求。

2）检查方法

排放浓度以资料检查为主，重点查看自动监测记录和监测信息台账。根据剔除异常值的自动监测数据、执法监测数据及企业自行开展的手工监测数据判断。手工监测数据与自动监测数据不一致的，以符合法定监测标准和监测方法的手工监测数据作为优先判断依据。对于有异议或根据需要进行执法监测的，执法监测过程中的即时采样可以作为执法依据。

对于未要求采用自动监测的排放口或污染物，应以手工监测为准，同一时段有执法监测的，以执法监测为准。

①自动监测。将对按照监测规范要求获取的自动监测数据进行计算得到的有效日均浓度值与许可排放浓度限值进行对比，超过许可排放浓度限值的，即视为超标。

对于自动监测，有效日均浓度是对应于以每日为一个监测周期获得的某个污染物的多个有效监测数据的平均值。在同时监测污水排放流量的情况下，有效日均值是以流量为权的某个污染物的有效监测数据的加权平均值；在未监测污水排放流量的情况下，有效日均值是某个污染物的有效监测数据的算术平均值。

自动监测的有效日均浓度应根据《水污染源在线监测系统数据有效性判别技术规范（试行）》（HJ/T 356）、《水污染源在线监测系统运行与考核技术规范（试行）》（HJ/T 355）等相关文件确定。技术规范修订后，按其最新修订版执行。

②执法监测。按照监测规范要求获取的执法监测数据超标的，即视为超标。根据《地表水和污水监测技术规范》（HJ/T 91）确定监测要求。

若同一时段的现场监测数据与在线监测数据不一致，现场监测数据符合法定的监测标准和监测方法的，以该现场监测数据作为优先证据使用。

③手工自行监测。按照自行监测方案、监测规范要求开展的手工监测，当日各次监测数据平均值（或当日混合样监测数据）超标的，即视为超标。超标判定原则同执法监测。

12.2.1.3　实际排放量与许可排放量合规性检查

（1）检查内容

污染物实际排放量。

（2）检查重点

检查重点为 COD_{Cr}、氨氮的实际排放量是否满足年许可排放量要求。位于《"十三五"生态环境保护规划》（国发〔2016〕65 号）及生态环境部正式发布的文件中规定的总磷、总氮总量控制区域内，或地方生态环境主管部门另有规定的实施区域的炼焦化学工业排污单位，还应关注总磷、总氮及受纳水体环境质量超标且列入 GB 16171 中的其他污染因子。

（3）检查方法

检查方法与废气相同。

实际排放量核算方法包括实测法（分为自动监测和手工监测）和产排污系数法。

在正常情况下，要求采用自动监测的排放口和污染因子，根据符合监测规范的有效自动监测数据核算实际排放量。要求采用自动监测而未采用的排放口或污染因子，采用产污系数法按直接排放核算实际排放量。未要求采用自动监测的排放口或污染因子，按照优先顺序依次选取符合国家有关环境监测、计量认证规定和技术规范的自动监测数据、手工监测数据进行核算；若同一时段的手工监测数据与执法监测数据不一致，以执法监测数据为准。

废水处理设施非正常情况下的排水，如无法满足排放标准要求时，不应直接排入外环境。

如因特殊原因造成污染治理设施未正常运行导致超标排放污染物的，实际排放量采用实测法核定。偷排偷放污染物的，采用产排污系数法核算实际排放量，且按照产污系数进行核算。

1）实测法

实测法是通过实际测量废水排放量及所含污染物的质量浓度计算污染物排放量。

炼焦化学工业排污单位废水总排放口化学需氧量（COD_{Cr}）、氨氮、流量采用自动监测，采取自动监测实测法核算全厂化学需氧量（COD_{Cr}）、氨氮实际排放量。废水自动监测实测法是指根据符合监测规范的污染物有效日平均排放浓度、平均流量、排放时间核算废水污染物排放量，见式（12-1）。

$$E_{正常情况废水} = \sum_{i=1}^{n}\left(c_i \times q_i \times 10^{-6}\right) \qquad (12\text{-}1)$$

式中：$E_{正常情况废水}$——核算时段内化学需氧量（COD_{Cr}）和氨氮的实际排放量，t；

c_i——污染物在第 i 日的实测平均排放浓度，mg/L；

q_i——第 i 日流量，m^3/d；

n——核算时段内的废水污染物排放天数。

总磷、总氮及受纳水体环境质量超标且列入 GB 16171 中的其他污染因子按手工监测数据核算实际排放量，见式（12-2）。

$$E_{正常情况废水} = \sum_{i=1}^{n}\left(c_i \times q_i \times 10^{-6}\right) \qquad (12\text{-}2)$$

式中：$E_{正常情况废水}$——核算时段内总磷、总氮及其他超标污染因子的实际排放量，t；

c_i——污染物第 i 个核算时段实测排放浓度，mg/L；

q_i——第 i 个核算时段的总流量，m^3；

n——核算时段的个数。

排污单位应将手工监测时段内生产负荷与核算时段内的平均生产负荷进行对比，并给出对比结果。

自动监测和手工监测的污染物采样、监测及数据质量应符合 HJ/T 355、HJ/T 356 和 HJ/T 92 的规定。对要求采用自动监测的排放口或污染因子，在自动监测数据由于某种原因出现中断或其他情况下，应按照 HJ/T 356 予以补遗。无有效自动监测数据时，采用手工监测数据进行核算。手工监测数据包括核算时间内的所有执法监测数据和排污单位自行或委托的有效手工监测数据。排污单位自行或委托的手工监测频次、监测期间生产工况、数据有效性等须符合相关规范文件的要求。

2）产排污系数法

采用产排污系数法核算化学需氧量、氨氮等污染物排放量的，根据单位产品污染物的产生量和排放量，按照式（12-3）进行核算。

$$E = S \times D \times 10^{-3} (10^{-6}) \tag{12-3}$$

式中：E —— 核算时段内某种污染物实际排放量，t；

　　　S —— 某核算时段内实际产品产量，t；

　　　D —— 某种污染物产排污系数。

炼焦化学工业排污单位的废水污染物实际排放量核算方法见表 12-4～表 12-6。

表 12-4　废水总排放口——采用自动监测数据计算实际排放量

排放口	排放口编号	运行时间	平均流量 q/（m^3/h）	有效日平均排放浓度 c/（mg/m^3）		实际排放量 M/t	
				化学需氧量	氨氮	化学需氧量	氨氮
废水总排放口	DW00×	2018 年	1 d				
			2 d				
			3 d				
			4 d				
			……				
			365 d				
	……						
总计							

表 12-5　废水总排放口——应采用自动监测而未采用，用产污系数计算实际排放量

排放口	排放口编号	核算时段	实际产品产量/t	产污系数/（kg/t 焦）		实际排放量 M/t	
				化学需氧量	氨氮	化学需氧量	氨氮
废水总排放口	DW00×	1					
		2					
		3					
		4					
		……					
	……						
总计							

表 12-6　废水总排放口——采用手工监测数据计算实际排放量

排放口	排放口编号	核算时段	总流量 q/m³	平均实测浓度 c/（mg/m³）			实际排放量 M/t		
				总磷	总氮	其他污染因子	总磷	总氮	其他污染因子
废水总排放口	DW00×	2018 年	1						
			2						
			……						
	……								
总计									

12.2.2　环境管理合规性执法检查

12.2.2.1　自行监测

（1）检查内容

主要包括是否开展了自行监测，以及自行监测的点位、因子、频次是否符合排污许可证要求。

1）自动监测

主要检查以下内容与排污许可证载明内容的相符性：排放口编号，监测内容，污染物名称，自动监测设施是否符合安装运行、维护等管理要求。

2）手工监测

主要检查以下内容与排污许可证载明内容的相符性：排放口编号、监测内容、污染物名称、手工监测采样方法及个数、手工监测频次等。

（2）检查方法

主要为资料检查，包括自动监测、手工监测记录，环境管理台账，自动监测设施的比对、验收等文件。对于自动监测设施，可现场查看运行情况、药剂有限期等。

12.2.2.2　环境管理台账落实情况检查

（1）检查内容

主要包括是否有环境管理台账，环境管理台账是否符合相关规范要求。

主要检查生产设施运行管理信息、污染防治设施运行管理信息、非正常情况记录信息、监测记录信息和其他环境管理信息等的记录内容、记录频次和记录形式。

（2）检查方法

查阅环境管理台账，比对排污许可证要求核查台账记录的及时性、完整性、真实性。涉及专业技术的，可委托第三方技术机构对排污单位的环境管理台账记录进行审核。

12.2.2.3　执行报告落实情况检查

（1）检查内容

执行报告上报频次和主要内容是否满足排污许可证要求。

（2）检查方法

查阅排污单位执行报告文件及上报记录。涉及专业技术领域的，可委托第三方技术机构对排污单位的执行报告内容进行审核。

12.2.2.4　信息公开落实情况检查

（1）检查内容

主要包括是否开展了信息公开，信息公开是否符合相关规范要求。主要核查信息公开的公开方式、时间节点、公开内容与排污许可证要求相符性。

（2）检查方法

主要包括资料检查和现场检查。其中资料检查为查阅网站截图、照片或其他信息公开记录，现场检查为现场查看信息亭、电子屏幕、公示栏等场所。

12.2.3　现场检查指南

12.2.3.1　现场检查资料准备

现场执法检查前应了解企业基本情况，并对照企业排污许可证填写企业基本信息表，标明被检查企业的单位名称、生产经营场所地址和许可证情况，根据企业实际情况勾选主要生产工艺，填写焦炉数量以及生产能力，见表12-7。

表 12-7 企业基本情况

单位名称		生产经营场所地址	
排污许可证中是否有整改要求		整改是否按要求完成	是□ 否□
是否属于大气重点控制区	是□ 否□	是否属于总磷、总氮控制区	是□ 否□
是否位于工业园区	是□ 否□	所属工业园区名称	
许可证发证日期		许可证有效期	
许可证编号		许可证核发部门	
技术负责人		联系电话	
焦炉炉型	□常规焦炉　　　　焦炉数量＿＿＿＿孔　　生产能力＿＿＿＿万 t/a 炭化室高度＿＿＿m　　装煤方式＿＿＿＿　　焦炉燃料＿＿＿＿ □热回收焦炉　　　焦炉数量＿＿＿＿孔　　生产能力＿＿＿＿万 t/a 装煤方式＿＿＿＿　　焦炉燃料＿＿＿＿ □半焦（兰炭）炭化炉　焦炉数量＿＿＿＿个　　生产能力＿＿＿＿万 t/a 装煤方式＿＿＿＿　　焦炉燃料＿＿＿＿		
生产设施填报情况	□没有遗漏　　　□漏填漏报　　　□填报有误，与实际情况不符 □有变动但未及时申请变更 说明：		
污染治理设施填报情况	□没有遗漏　　　□漏填漏报　　　□填报有误，与实际情况不符 □有变动但未及时申请变更 说明：		
产排污环节	□没有遗漏　　　□遗漏有组织废气　　　□遗漏无组织废气 □遗漏废水 说明：		
排放口设置	□没有遗漏　　　□遗漏废气排放口　　　□遗漏废水排放口 说明：		
污染物因子	□没有遗漏　　　□遗漏有组织废气　　　□遗漏无组织废气 □遗漏废水 说明：		
自行监测	□按要求开展自行监测　　　　□未开展自行监测 □未按要求进行自动监测　　　□未按要求进行手工监测 □监测内容不符合要求　　　　□监测污染物种类不符合要求 □监测频次不符合要求　　　　□监测方法不符合要求 说明：		
环境管理要求	□没有遗漏　　　□遗漏自行监测要求　　　□遗漏环境管理台账要求 □遗漏执行报告要求　　　□遗漏信息公开要求 说明：		

注：焦炉炉型按照每座焦炉进行填报，如有多座焦炉自行增加。

12.2.3.2 废水污染治理设施合规性检查

（1）废水排放口检查

对照排污许可证，核实废水实际排放口与许可排放口的一致性。检查是否有通过未经许可的排放口排放污染物的行为、废水排放口是否满足《排污口规范化整治技术要求》。

（2）废水治理措施检查

以核发的排污许可证为基础，现场检查废水污染治理设施名称、工艺等与排污许可证登记事项的一致性，废水治理措施是否为可行技术。

废水排放口及治理设施检查表见表 12-8。

（3）污染物排放浓度与许可浓度一致性检查

废水监测达标情况检查表见表 12-9。

（4）污染物实际排放量与许可排放量的一致性检查

污染物实际排放量与许可排放量一致性检查表见表 12-10。

表 12-8 废水排放口和治理设施检查表

污染源			废水排放去向				废水治理措施			备注
产污环节	排放口编号	排放口名称	排污许可证排放去向	实际排放去向	是否一致	排污口规范设置	排污许可证措施	实际治理措施	是否一致	
湿熄焦废水					是□ 否□	是□ 否□			是□ 否□	
剩余氨水									是□ 否□	
煤气水封水					是□ 否□	是□ 否□			是□ 否□	
粗苯分离水									是□ 否□	
终冷排污水									是□ 否□	
蒸氨废水					是□ 否□	是□ 否□			是□ 否□	
初期雨水					是□ 否□	是□ 否□			是□ 否□	
生活污水					是□ 否□	是□ 否□			是□ 否□	
其他废水					是□ 否□	是□ 否□			是□ 否□	
酚氰污水处理站出水					是□ 否□	是□ 否□	预处理		是□ 否□	
							生化处理		是□ 否□	
							后处理		是□ 否□	
							深化处理		是□ 否□	

表 12-9　废水浓度达标情况检查表

污染源				废水监测情况				废水浓度达标情况				备注
产污环节	排放口编号	排放口名称	污染物种类	是否按要求进行监测	监测因子是否全面	监测方式	是否按要求安装自动在线监测仪器	自动监测实时数据是否达标	自动监测历史数据是否达标	手工监测数据是否达标	执法监测数据是否达标	
湿熄焦废水			pH	是□ 否□	是□ 否□	自动□ 手工□	是□ 否□	是□ 否□	是□ 否□	是□ 否□	是□ 否□	
			悬浮物					是□ 否□	是□ 否□	是□ 否□	是□ 否□	
			化学需氧量（COD_{Cr}）					是□ 否□	是□ 否□	是□ 否□	是□ 否□	
			氨氮					是□ 否□	是□ 否□	是□ 否□	是□ 否□	
			挥发酚					是□ 否□	是□ 否□	是□ 否□	是□ 否□	
			氰化物					是□ 否□	是□ 否□	是□ 否□	是□ 否□	
初期雨水			悬浮物	是□ 否□	是□ 否□	自动□ 手工□	是□ 否□	是□ 否□	是□ 否□	是□ 否□	是□ 否□	
			化学需氧量（COD_{Cr}）					是□ 否□	是□ 否□	是□ 否□	是□ 否□	
			氨氮					是□ 否□	是□ 否□	是□ 否□	是□ 否□	
			石油类					是□ 否□	是□ 否□	是□ 否□	是□ 否□	
酚氰污水处理站出水			多环芳烃（PAHs）	是□ 否□	是□ 否□	自动□ 手工□	是□ 否□	是□ 否□	是□ 否□	是□ 否□	是□ 否□	
			苯并[a]芘					是□ 否□	是□ 否□	是□ 否□	是□ 否□	

表 12-10　污染物实际排放量与许可排放量一致性检查表

污染物	许可排放量/（t/a）	实际排放量/（t/a）	是否满足许可要求	备注
化学需氧量			是□　否□	
氨氮			是□　否□	

12.2.3.3　环境管理执行情况合规性检查

（1）自行监测执行情况检查

重点检查湿熄焦废水、酚氰处理站出水、初期雨水监测情况。

自行监测执行情况检查表见表 12-11。

（2）环境管理台账执行情况检查

环境管理台账执行情况检查表见表12-12。

（3）执行报告上报执行情况检查

执行报告上报执行情况检查表见表12-13。

（4）信息公开执行情况检查

信息公开执行情况检查表见表12-14。

表 12-11　自行监测执行情况检查表

序号	自行监测内容	排污许可证要求	实际执行	是否合规	备注
1	监测点位			是□　　否□	
2	监测指标			是□　　否□	
3	监测频次			是□　　否□	

表 12-12　环境管理台账执行情况检查表

类型	环境管理台账记录内容	排污许可证要求	实际执行	是否合规	备注
生产设施运行管理信息表	记录内容			是□　　否□	
	记录频次			是□　　否□	
原辅料采购情况表	记录内容			是□　　否□	
	记录频次			是□　　否□	
燃料采购情况表	记录内容			是□　　否□	
	记录频次			是□　　否□	
有组织一般排放口废气污染治理设施运行管理信息表	记录内容			是□　　否□	
	记录频次			是□　　否□	
无组织废气控制措施运行管理信息表	记录内容			是□　　否□	
	记录频次			是□　　否□	
废水污染治理设施运行管理信息表	记录内容			是□　　否□	
	记录频次			是□　　否□	
非正常工况及污染治理设施异常情况记录信息	记录内容			是□　　否□	
	记录频次			是□　　否□	
有组织废气污染物排放情况手工监测记录信息	记录内容			是□　　否□	
	记录频次			是□　　否□	
无组织废气污染物排放情况手工监测记录信息	记录内容			是□　　否□	
	记录频次			是□　　否□	
废水污染物排放情况手工监测记录信息	记录内容			是□　　否□	
	记录频次			是□　　否□	

表 12-13　执行报告上报执行情况检查表

序号	执行报告内容	排污许可证要求	实际执行	是否合规	备注
1	上报内容			是□　　否□	
2	上报频次			是□　　否□	

表 12-14　信息公开执行情况检查表

序号	信息公开要求	排污许可证要求	实际执行	是否合规	备注
1	公开方式			是□　　否□	
2	时间节点			是□　　否□	
3	公开内容			是□　　否□	

12.3　支撑企业运行管理

以可行技术为前提，排污许可制度的实施需依托稳定、长效的运行管理水平（如反复优化确定最优的药剂种类、投加量及污水处理设施运行参数，并随着进水和出水的水质波动随时调整），技术和管理的双重提升才能实现排污许可制的有效推行。可行技术的应用一定程度上促进企业不断通过对相关技术指标的控制与管理，保障相关环保治理设施的正常稳定运行，以及污染物的长期稳定达标排放。

12.3.1　污染治理措施的运行管理

12.3.1.1　废气治理措施

煤场、焦场宜采用封闭、半封闭技术，其中重点地区宜采用封闭技术。炼焦煤、焦炭等物料宜采取封闭输送技术；焦粉、除尘灰等粉料宜采取密闭输送技术。焦炉炉门采用弹簧门栓、弹性刀边或敲打刀边、悬挂式空冷炉门、厚炉门板等技术，焦炉炉柱采用大型焊接"H"型钢，装煤孔盖、上升管盖、上升管根部、桥管与阀体承插等采取密封技术。焦炉宜采用自动加热技术。污染预防技术、污染治理技术、环境管理措施应科学设计、合规运行、加强管理。

12.3.1.2　废水治理措施

剩余氨水、煤气水封水、粗苯分离水和终冷排污水等应经蒸氨处理后送至酚氰废水处理站，同时应加强蒸氨单元的日常监管，保证出水水质达到设计指标要求。污染预防技术、污染治理技术、环境管理措施应科学设计、合规运行、加强管理，并确保系统处于良好运行状态。

12.3.1.3　固体废物治理措施

在固体废物管理过程中，炼焦化学工业企业应符合各项法律法规规定，满足相关标准规范要求。对于不明确是否具有危险特性的固体废物，应当按照 GB 5085 进行鉴别。经鉴别为一般工业固体废物的，其贮存的污染控制及管理措施应满足 GB 18599 的相关要求；

经鉴别为危险废物的，应当根据其主要有害成分和危险特性确定所属废物类别并进行归类管理，其贮存的污染控制及监督管理措施应满足 GB 18597 的相关要求。对于列入《国家危险废物名录》附录《危险废物豁免管理清单》中的危险废物，在所列的豁免环节，且满足相应的豁免条件时，可以按照豁免内容的规定实行豁免管理。除尘灰、焦油渣、酸焦油、蒸氨残渣、再生渣、废水处理污泥、废矿物油与含矿物油废物、废活性炭等宜密闭收集、贮存、输送，并通过专门的回配系统与入炉煤进行混合，确保全过程不"跑冒滴漏"。提盐过程产生的废液宜全部回用于脱硫系统。

12.3.1.4　噪声治理措施

炼焦化学工业企业应符合各项法律法规规定，满足相关标准规范要求，尽量采用低噪声设备，按照环境功能合理布置产噪设备，采取有效的降噪措施，并按时进行设备维护与检修。

12.3.2　排污口管理

企业应根据《排污口规范化整治技术要求》（环监〔1996〕470 号）的要求进行管理，废气废水排放口的设置要求如下：

（1）排气筒处应设置便于采样、监测的采样口。采样口的设置应符合《污染源监测技术规范》要求。采样口位置无法满足规范要求的，其监测位置由当地环境监测部门确认。无组织排放有毒有害气体的，应加装引风装置，对有毒有害气体进行收集、处理，并设置采样点。

（2）开展排放口（源）规范化整治的单位，必须使用由原国家环境保护局统一定点制作和监制的环境保护图形标志牌；环境保护图形标志牌设置位置应距污染物排放口（源）或采样点较近且醒目处，并能长久保留；一般性污染物排放口（源），设置提示性环境保护图形标志牌，排放剧毒、致癌物及对人体有严重危害物质的排放口（源），设置警告性环境保护图形标志牌。

（3）各级生态环境部门和排污单位均需使用由原国家环境保护局统一印制的《中华人民共和国规范化排污口标志登记证》，并按要求认真填写有关内容。登记证与标志牌配套使用，由各地生态环境部门签发给有关排污单位。

（4）规范化整治排污口的有关设施（如计量装置、标志牌等）属环境保护设施，各地生态环境部门应按照有关环境保护设施监督管理规定，加强日常监督管理，排污单位应将环境保护设施纳入本单位设备管理，制定相应的管理办法和规章制度。

12.3.3 企业自行监测的管理

炼焦化学工业排污单位在申请排污许可证时，应当按照本标准确定产排污环节、排放口、污染因子及许可限值的要求，制定自行监测方案并在《排污许可证申请表》中明确。自行监测方案的制定从其要求。

企业应查清本单位的污染源、污染物指标及潜在的环境影响，按照《排污单位自行监测技术指南 钢铁工业及炼焦化学工业》（HJ 878—2017）的相关要求制定监测方案，设置和维护监测设施，按照监测方案开展自行监测，做好质量保证和质量控制，记录和保存监测数据和信息，依法向社会公开监测结果。焦化企业污染物自行监测最低频次见表 12-15～表 12-17。

表 12-15 有组织废气自行监测指标最低监测频次

序号	监测点位	监测指标	监测频次
1	精煤破碎、焦炭破碎、筛分、转运设施排气筒	颗粒物	年
2	装煤地面站排气筒	颗粒物、二氧化硫	自动监测
		苯并[a]芘	半年
3	推焦地面站排气筒	颗粒物、二氧化硫	自动监测
4	焦炉烟囱（含焦炉烟气尾部脱硫、脱硝设施排气筒）	颗粒物、二氧化硫、氮氧化物	自动监测
5	干法熄焦地面站排气筒	颗粒物、二氧化硫	自动监测
6	粗苯管式炉、半焦烘干和氨分解炉等燃用焦炉煤气的设施的排气筒	颗粒物、二氧化硫、氮氧化物	半年
7	冷鼓、库区焦油各类贮槽排气筒	苯并[a]芘、氰化氢、酚类、非甲烷总烃、氨、硫化氢	半年
8	苯贮槽排气筒	苯、非甲烷总烃	半年
9	脱硫再生塔排气筒	氨、硫化氢	半年
10	硫铵结晶干燥	颗粒物、氨	半年

表 12-16 无组织废气自行监测指标最低监测频次

序号	监测点位	监测指标	监测频次
1	焦炉	颗粒物、苯并[a]芘、硫化氢、氨、苯可溶物	季度
2	厂界	颗粒物、二氧化硫、苯并[a]芘、氰化氢、苯、酚类、硫化氢、氨、氮氧化物	季度

表 12-17　废水自行监测指标最低监测频次

序号	监测点位	监测指标	监测频次
1	废水总排口	流量、pH 值、化学需氧量、氨氮	自动监测
2		悬浮物、石油类、五日生化需氧量、挥发酚、氰化物、苯、硫化物	月
3		总氮、总磷	周（日[①]）
4	车间或生产设施废水排放口	苯并[a]芘、多环芳烃	月[②]
		流量	自动监测

[①] 总氮/总磷实施总量控制的区域，总氮/总磷最低监测频次按日执行。
[②] 若酚氰污水处理站仅处理生产工艺废水，则在酚氰污水处理厂排放口监测；若有其他废水进入酚氰污水处理站混合处理，则在其他废水混入前对生产工艺废水采样监测。

12.3.4　环境管理台账记录与执行报告的管理

排污单位应建立环境管理台账制度，设置专人专职进行台账的记录、整理、维护和管理，并对台账记录结果的真实性、准确性和完整性负责。台账应真实记录生产设施运行管理信息、污染治理设施运行管理信息、非正常情况记录信息、监测记录信息、其他环境管理信息。设施编号按照排污许可证副本中载明的编码记录。记录格式可参照《排污单位环境管理台账及排污许可证执行报告技术规范　总则（试行）》（HJ 944—2018），也可结合实际情况和地方生态环境主管部门要求自行制定记录内容格式。